1週間で

CCNA 第3版

の基礎が学べる本

宮田かおり 著
株式会社ソキウス・ジャパン 編

JN021778

インプレス

本書は、CCNA（Cisco Certified Network Associate）資格取得のための学習準備教材です。著者、株式会社インプレスは、本書の使用による対象試験への合格を一切保証しません。

本書の内容については正確な記述に努めましたが、著者、株式会社インプレスは本書の内容に基づくいかなる試験の結果にも一切責任を負いません。

CCNA、Cisco、Cisco IOS、Catalystは、米国Cisco Systems, Inc.の米国およびその他の国における登録商標です。
その他、本文中の製品名およびサービス名は、一般に各開発メーカーおよびサービス提供元の商標または登録商標です。なお、本文中には™、®、©は明記していません。

インプレスの書籍ホームページ

書籍の新刊や正誤表など最新情報を随時更新しております。

https://book.impress.co.jp/

はじめに

『ネットワークエンジニアとしての扉は広く開放されています！』

　ネットワークエンジニアは慢性的な人手不足の状況にあります。もし、読者の皆さんがネットワークエンジニアに興味があり転職を検討していたり、これからのキャリアに悩んでいるならば、思い切ってCCNA取得にチャレンジしてみませんか？

　IT系の資格には、数多くのベンダー資格（民間企業が認定する資格）があります。本書で扱うCCNA（Cisco Certified Network Associate）は、世界最大のネットワーク機器開発会社である米国のシスコシステムズ社（Cisco）が主催するシスコ技術者認定資格のひとつです。ネットワーク業界で最もスタンダードな資格として非常に知名度が高く、ネットワークエンジニアの登竜門として認識されています。

　なぜ、CCNAが選ばれているのでしょうか？　その理由として、「ネットワーク技術の基礎知識が問われること」「Ciscoのネットワーク機器が全世界で最も利用されていること」が挙げられます。そのため、CCNA資格保持者の需要も多く転職にも有利になります。つまり、CCNA認定の取得は、IT業界でキャリアを築くための第一歩となるのです！

　シスコ技術者認定は2020年2月に大幅な改定が行われました。新しいCCNAでは、セキュリティの基礎や自動化とプログラマビリティの追加など、他のIT分野でも必要とされる内容に一新されました。これまで以上にITの基礎を幅広く取り扱う試験となり、ネットワークの初心者にはハードルが高くなっています。

　本書は、ネットワークの知識はまったくないという方や、ネットワークの基礎をゼロから体系的に学習したい方を対象とし、CCNA対策のスタートラインに立つことを目標とした内容となっています。『1週間でCCNAの基礎が学べる本』の第3版発行にあたっては、試験で出題が増えている無線LANに関する知識を1日分のボリュームで新しく掲載しています。また、最新の技術にも触れながらわかりやすく丁寧な解説に努めました。

　本書がCCNAを目指すみなさんのお役に立てることを願っています。

2021年3月

著者

本書の特徴

CCNA取得を目指す人のためのネットワーク入門書

　本書は、CCNAの受験対策書籍を読む前の下準備として、ネットワークの基礎を学習するための書籍です。受験対策書籍は試験の出題範囲に沿って解説されているため、まだ基礎を習得していない人にとっては理解することが困難です。

　本書は、CCNAの取得のために必要な基礎知識を効率的に学習できるように構成されています。1週間でネットワークの基礎を学び、次のステップとなる受験対策にスムーズにシフトできるように、シスコ社製品を管理・運用するために理解しておきたい情報も丁寧に解説しています。

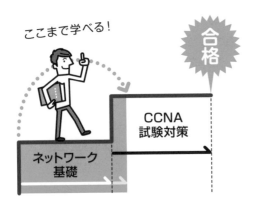

1週間で学習できる

　本文は、「1日目」「2日目」のように1日ずつ学習を進め、1週間で1冊を終えられる構成になっています。1日ごとの学習量も無理のない範囲に抑えられています。計画的に学習を進められるので、受験対策までの計画も立てやすくなります。

CCNAについて

シスコ技術者認定とCCNA

CCNA (Cisco Certified Network Associate、「シーシーエヌエー」と読みます)は、世界最大のネットワーク機器メーカーである米国シスコシステムズ社(以下、シスコ社)が認定している「シスコ技術者認定(Cisco Career Certification)」の資格のひとつです。シスコ技術者認定資格は、シスコ社製のルータやスイッチを使用したネットワークの構築や運用・管理、トラブルシューティングを行うネットワークエンジニアの育成を目的に創設されました。運用・管理に高度な知識が要求される大規模ネットワークでは、シスコ社のネットワーク機器が圧倒的なシェアを有しているため、シスコ技術者認定資格の取得は、IT業界でキャリアを築くための第一歩です。ネットワークエンジニアのスタンダードな資格として世界的に認知されています。

シスコ技術者認定の特徴のひとつに、きめ細かいカテゴリー分類を挙げることができます。エンジニアの知識レベルに応じて5つの段階に、対象とする技術別に9の分野に分類されているため、エンジニアの技量や専門とする分野に応じて的確な資格を取得することができます。技術分野の学生から、非常に高度な知識を持ったネットワークのプロフェッショナルまで、世界中の多くのエンジニアがキャリアアップのために活用しています。

CCNAの取得に要求される技術レベル

シスコ技術者認定はあらゆるネットワークエンジニアを対象とした資格ですが、そのうちCCNAでは、ネットワークの基礎、ネットワークアクセスやサービス、IP接続、セキュリティの基礎、および自動化とプログラマビリティに関する知識とスキルが要求されます。実務的な知識も問われるため、単なる知識の詰め込みでは合格が難しいとされています。設定やコマンドに関する出題もあるので、機器の操作経験はあった方が望ましいでしょう。

■ 資格取得のメリット

　資格を取ることで客観的な判断基準でスキルを証明することができます。これにより、就職や転職の際に有利になったり、ビジネスにおける信頼性が高くなったりするというメリットがあります。シスコ技術者認定は世界的な資格ですので、海外で技術力を活かした仕事をしたい方にとっては、取得は必須ともいえるでしょう。

　企業によっては資格取得時に一時金が支給されるケースもあります。また、現在の強みや今後身につけるべき技術が明確になり、スキルアップやキャリアアップの計画を立てやすくなります。もちろん、資格を取るための体系的な学習によってスキルが向上することはいうまでもありません。

■ CCNAの位置づけ

　ここまでシスコ技術者認定とCCNAについて説明してきましたが、シスコ技術者認定資格の体系は、2020年2月に大幅改定されています。改定後の認定分野と正式な資格名称は以下のとおりです。

認定分野	エントリー	アソシエイト	プロフェッショナル	エキスパート	アーキテクト
デザイン	－	CCNA		CCDE	CCAr
エンタープライズ	CCT Routing &Switching［英語］	CCNA	CCNP Enterprise	CCIE Enterprise Infrastructure	－
ワイヤレス	－	CCNA	CCNP Enterprise	CCIE Enterprise Wireless	－
コラボレーション	－	CCNA	CCNP Collaboration	CCIE Collaboration	
データセンター	CCT Data Center ［英語］	CCNA	CCNP Data Center	CCIE Data Center	
セキュリティ	－	CCNA	CCNP Security	CCIE Security	
サービスプロバイダー	－	CCNA	CCNP Service Provider	CCIE Service Provider	－
サイバーセキュリティオペレーション	－	CyberOps Associate	CyberOps Professional	－	－
DevNet	－	DevNet Associate	DevNet Professional	－	－

表が示すように、本書で扱うCCNAはアソシエイトに位置づけられます。アソシエイトとは、シスコ社によると「最新の技術であなたの仕事の可能性を広げるために必要な基礎知識を習得」するレベルです。この下のエントリーレベルにCCTがありますが、現時点では英語試験のみの提供となっています。なお、旧体系ではエントリーレベルにCCENTという資格があり、CCNAへのステップとして活用されていましたが、新体系では廃止されました。

　みなさんが目指すCCNAは、旧体系では9分野に分かれていましたが、新体系ではCCNA CyberOpsという資格を除き1つに集約されました。

■ 試験の概要

　CCNA試験の概要を、以下にまとめます。試験範囲の内容は、今はわかりづらいかもしれませんが、学習を進めるうちに理解できるようになりますので、心配はいりません。ここでは概要に目を通しておきましょう。

・試験番号：200-301 CCNA
・問題数：85〜90問程度 (2024年5月時点)
・試験時間：120分
・受験料：42,600円＋税 (2024年5月時点)
・試験の形式：コンピュータのマウスやキーボードを使って解答するCBT形式
　　　　　　　・1つまたは複数の選択式
　　　　　　　・シミュレーション問題 (スイッチまたはルータに対するキー操作)
・受験の前提条件：なし
・受験日・場所：希望の日時、場所を指定可能。ピアソンVUE社のWebサイトで
　　　　　　　申し込む

【出題範囲】

1 ネットワークの基礎 (20%)

　　ネットワーク機器の役割と機能、ネットワークトポロジの特徴、物理イン
ターフェイスとケーブリングタイプ、TCPとUDPの比較対照、IPv4アドレッ
シングとサブネット化、プライベートIPv4アドレッシング、IPv6アドレッ
シングとプレフィックス、IPv6アドレスタイプ、クライアントOS（Windows、
Mac OS、Linux）のIPパラメータの確認、ワイヤレスの原理、仮想化の基本
（仮想マシン）、スイッチングの概念などについて問われます。

2 ネットワークアクセス (20%)

　　複数スイッチにまたがるVLANの設定および確認、スイッチ間接続の
設定および確認、レイヤ2ディスカバリプロトコル、（レイヤ2／レイヤ
3) EtherChannel（LACP）の設定および確認、RSTP (Rapid PVST+
Spanning Tree Protocol）の必要性とその基本的運用方法、Cisco
WirelessアーキテクチャおよびAPのモードの比較対照、WLANコンポーネ
ント（AP、WLC、アクセスまたはトランクポート、LAGなど）における物理
的インフラストラクチャーの接続、APおよびWLCにおける管理アクセス接
続、GUIのみを使用したワイヤレスLANアクセスのクライアント接続用コン
ポーネントの設定などについて問われます。

3 IPコネクティビティ (25%)

　　ルーティングテーブルを構成する要素、ルータがデフォルトでフォワー
ディングデシジョンを行う方法の決定、IPv4およびIPv6でのスタティック
ルーティングの設定および確認、シングルエリアOSPFv2の設定および確認、
ファーストホップ冗長プロトコルなどについて問われます。

4 IPサービス (10%)

　　スタティックおよびプールを使用した内部ソースNAT、クライアント／
サーバモードで動作するNTP、DHCPおよびDNSの役割、SNMPの機能、
syslog機能、SSHを使用したリモートアクセス、TFTP/FTPの機能などに
ついて問われます。

5 セキュリティの基礎 (15%)

セキュリティの主要概念、セキュリティプログラムの要素、ローカルパスワードを使用したデバイスのアクセス制御、セキュリティパスワードポリシーの要素、リモートアクセスおよびサイト間VPN、アクセスコントロールリスト、レイヤ2セキュリティ機能、認証・認可・アカウンティングの概念、ワイヤレスセキュリティプロトコル、WPA2 PSKを使用したWLANの設定などについて問われます。

6 自動化とプログラマビリティ (10%)

ネットワーク管理における自動化の影響、コントローラベースおよびソフトウェア定義型アーキテクチャ、従来からのキャンパスデバイス管理とCisco DNA Center対応のデバイス管理の比較対照、RESTベースAPIの特徴、構成管理ツール (Puppet、Chef、Ansible)、JSONエンコードデータなどについて問われます。

詳細な内容は、
https://www.cisco.com/c/dam/global/ja_jp/training-events/
training-certifications/exam-topics/200-301-CCNA.pdf
に掲載されています。

※ 試験概要、出題範囲、URLなどは2021年2月現在の情報であり、変更になる可能性があります。詳細はシスコ社のWebサイトを参照してください。

本書を使った効果的な学習方法

ネットワークの基本を押さえる

　シスコ技術者認定はシスコ社の試験ですが、ネットワークの知識は不可欠です。特にネットワークの基本的な仕組みを理解しているかどうかが重視されます。試験範囲として明示されていなくても、基礎知識を持っていることが前提の試験ですので、知識がなければ正解を導き出せません。OSI参照モデルの機能、IPアドレスの仕組み、TCP/IPネットワークの動作などは、しっかり理解できるまで、本書を繰り返し読んで学習してください。

試験のポイントを確認しておく

　解説には、試験に役立つ情報も記載されています。　　　のアイコンがついた説明では、試験でどのような内容が問われるのかなどについて記載していますので、確認しながら読み進めると効率的に学習できます。

試験問題を体験してみる

　試験にトライ! は、実際の試験で問われる内容を想定した問題です。この問題を解くことによって、試験問題の傾向や問われるポイントなどをつかむことができます。

■ おさらい問題でその日に学習した内容を復習する

　1日の最後には、おさらい問題で学習の締めくくりをします。おさらい問題を解き、解説されている内容をきちんと理解できているかどうかを確認しましょう。各問題の解答には該当する解説のページが記載されていますので、理解が不十分だと感じたらもう一度解説を読み直します。しっかりと理解できていることが確認できたら、次の学習日に進みましょう。

■ 本書での学習を終えたら…

　本書を使った1週間の学習を終えたころには、ネットワークとシスコ製品についての基礎的なスキルが身についているはずです。知らない用語やコマンドなどに戸惑うことなく、次のステップとなるCCNAの受験対策へと移ることができるでしょう。

■ 学習の方法

　学習を始めたときの知識にもよりますが、対策書籍のみで学習する場合、CCNAの受験対策に必要な期間は3カ月〜6カ月程度を見込んでおきましょう。受験勉強に専念できる方はより短期間で効率よく学習できますが、多くの方は仕事や学業のかたわら、学習時間を作らなければならないでしょう。業務命令で決められた期日までに資格を取得しなければならないケースや、受験対策のために費やせる予算が決まっている場合もあります。また、実際に機器を操作できる環境にあるのか、書籍だけで勉強するのかによっても要する時間は異なります。自分の状況に合った学習方法を選び、学習計画を立てましょう。

　学習の方法としては次のような手段があります。

●書籍で独学

　試験対策の書籍で学習する方法です。費用が安いのが魅力です。CCNAでは、ネットワークとシスコ社独自の技術の知識の両方が必要です。試験対策向けの教科書や問題集は、出題範囲に沿って双方の情報がバランスよく掲載されているので、効率的に学習を進めることができます。実際に機器を操作する環境を整えられれば、より充実した学習が可能になります。

　独学で勉強すると挫折しそうで不安だという人は、受験を目指している仲間を募って勉強会を開くなど、継続のための工夫をするとよいでしょう。

●インターネットで情報収集

　インターネット上のさまざまな情報源を活用した学習方法です。オンラインの学習教材を提供しているWebサイトもあります。下に紹介しているシスコラーニングネットワークジャパンのサイトには、試験の模擬問題も掲載されており、学習に役立つ情報が豊富です。

　CCNA対策と銘打ったWebサイトには、出題傾向や受験対策に役立つさまざまな情報が掲載されています※。また、ソーシャルネットワーキングサービス（SNS）でも情報交換が行われています。この方法も費用が安いのが魅力ですが、書籍や研修のような体系的な学習がしにくいのが難点です。

※受験の際に得た試験の内容を公表することは禁じられています。

要チェックの情報源

●シスコ社の「シスコ技術者認定」のサイト

URL https://www.cisco.com/c/ja_jp/training-events/training-certifications.html

シスコ技術者認定のオフィシャルサイトです。試験情報、推奨トレーニングなど、試験に関する公式の情報はすべてここから発信されます。

●シスコラーニングネットワークジャパン

URL https://learningnetwork.cisco.com/s/jp-cln

試験の概要や学習法、ケーススタディなどの情報を提供する、シスコ社が運営する学習者向けのポータルサイトです。ほかの受験者と情報を交換することもできます。

本書の使い方

学習内容のリストです。理解できたらチェックするとよいでしょう。

各節のポイントを示しています。

重要語句には色が付いています。

●本書で使われているマーク

マーク	説明	マーク	説明
重要	ネットワークについて学ぶうえで必ず理解しておきたい事項	資格	勉強法や攻略ポイントなど、資格取得のために役立つ情報
注意	操作のために必要な準備や注意事項	用語	押さえておくべき重要な用語とその定義
参考	知っていると知識が広がる情報	試験にトライ!	実際の試験を想定した模擬問題

Contents

はじめに …………………………………………………………………… 3

本書の特徴 ………………………………………………………………… 4

CCNAについて …………………………………………………………… 5

本書を使った効果的な学習方法 ………………………………………… 10

本書での学習を終えたら ………………………………………………… 11

本書の使い方 ……………………………………………………………… 13

1日目

■ コンピュータネットワークの基礎知識

1-1　ネットワークとは ……………………………………………… 18

1-2　ネットワークの種類 …………………………………………… 23

1-3　サーバとクライアント ………………………………………… 29

1-4　アナログとデジタル …………………………………………… 31

1-5　2進数、10進数、16進数 ……………………………………… 33

■ ネットワークの階層化

2-1　プロトコルとは ………………………………………………… 39

2-2　OSI参照モデルとは …………………………………………… 42

2-3　カプセル化と非カプセル化 …………………………………… 47

1日目のおさらい…………………………………………………………… 50

2日目

■ リンク層（ネットワークインターフェイス層）の役割

1-1　リンク層の仕事 ………………………………………………… 56

1-2　ケーブルの種類 ………………………………………………… 57

1-3　イーサネット …………………………………………………… 63

■ ネットワーク機器（スイッチ）

2-1　スイッチの機能 ………………………………………………… 72

2日目のおさらい…………………………………………………………… 82

3日目

1 インターネット層の役割

1-1 インターネット層の役割 ………………………………… 88
1-2 IP ……………………………………………………………… 90
1-3 ICMP …………………………………………………………… 93

2 IPアドレス

2-1 IPアドレス …………………………………………………… 96
2-2 サブネット化 ………………………………………………… 106

3 ネットワーク機器 (ルータ)

3-1 ルーティング ………………………………………………… 112
3-2 ルーティングテーブル ……………………………………… 120
3-3 ルーティングプロトコル …………………………………… 126
3-4 ブロードキャストドメイン ………………………………… 131
3日目のおさらい ………………………………………………… 133

4日目

1 トランスポート層の役割とプロトコル

1-1 ポート番号 …………………………………………………… 140
1-2 TCP ……………………………………………………………… 145
1-3 UDP ……………………………………………………………… 152

2 TCP/IP通信の流れ

2-1 TCP/IPでのデータ転送 ……………………………………… 156
2-2 MACアドレスを調べるARP ………………………………… 159

3 アプリケーション層のプロトコル

3-1 アプリケーション層のプロトコル ………………………… 164
3-2 IPアドレスを自動的に割り当てるDHCP ………………… 167
3-3 IPアドレスとドメイン名を対応づけるDNS ……………… 171
3-4 Webサービスを提供するHTTP …………………………… 176
3-5 ネットワーク機器の遠隔操作を行うTelnet ……………… 181
4日目のおさらい ………………………………………………… 183

5日目

1 アドレス変換

1-1 プライベートIPアドレスとグローバルIPアドレス ……………… 190
1-2 NAT ……………………………………………………………… 192
1-3 NAPT ……………………………………………………………… 195

2 IPv6

2-1 IPv6アドレス ……………………………………………………… 200
2-2 ICMPv6 …………………………………………………………… 210

3 コンピュータのネットワーク設定

3-1 IPアドレスの手動設定 ………………………………………… 216
3-2 IPアドレスの自動設定 ………………………………………… 223
3-3 接続性の確認（ping）………………………………………… 225
5日目のおさらい…………………………………………………… 228

6日目

1 Cisco機器への管理アクセス

1-1 Cisco機器への管理アクセス ………………………………… 234
1-2 Cisco IOSソフトウェア ………………………………………… 241

2 Cisco機器の基本操作

2-1 パスワードの設定 ……………………………………………… 248
2-2 IPアドレスの設定 ……………………………………………… 256
2-3 設定の確認と保存 ……………………………………………… 261
2-4 ルーティングテーブルの確認 ………………………………… 273
6日目のおさらい…………………………………………………… 278

7日目

1 無線LANの基礎

1-1 無線LANについて …………………………………………… 286
1-2 無線LANコントローラ ………………………………………… 309

2 無線LANのセキュリティ

2-1 無線LANのセキュリティ対策 ………………………………… 313
2-2 無線LANのセキュリティ規格 ………………………………… 319
7日目のおさらい…………………………………………………… 325

索引 ………………………………………………………………… 330

1日目

1日目に学習すること

1 コンピュータネットワークの基礎知識

コンピュータネットワークとはどのようなものなのか理解しましょう。

2 ネットワークの階層化

通信の基本となるネットワークの階層化について学びます。

1 コンピュータネットワークの基礎知識

- ☐ コンピュータネットワークとは
- ☐ ネットワークの種類
- ☐ サーバとクライアント
- ☐ アナログとデジタル
- ☐ 2進数、10進数、16進数

1-1 ネットワークとは

POINT!

- ・「コンピュータネットワーク」とはコンピュータ同士をつないで情報をやり取りすること
- ・たくさんのコンピュータがつながると、いろいろなことができるようになる

■ ネットワークって何？

　今の時代、ネットワークという言葉を聞いたことがない人はいないでしょう。それでも、「そもそもネットワークって何ですか？」と改めて問われると、正しく答えられる人は少ないかもしれません。

　ネットワークとは、網（net）状につながって機能するものを指します。網状なので、お互いにつながっているわけです。

　人と人とのつながりもネットワークのひとつです。たとえば、大学生の場合、授業や試験の情報、アルバイトの求人やボランティア募集などの情報を、友人や

先輩などとお互いにやりとりすることでしょう。こうしたやりとりは、直接会うことのほか、電話やメール、最近ではSNS※1などによっても行われていますね。交通網もネットワークです。鉄道や道路、航空路線などが網の目のように張り巡らされています。

■ コンピュータネットワーク

このように私たちの身の回りにはさまざまなネットワークが存在しますが、複数のコンピュータ同士をつないで、情報（データ）をやりとりできるようにしたものをコンピュータネットワークといいます（単に「ネットワーク」と呼ばれることが多いです）。コンピュータには、PCやスマートフォン、タブレットなどの情報端末が含まれます。

● コンピュータネットワーク

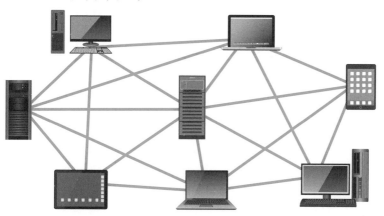

コンピュータをネットワークにつなぐと、データを効率的に相手に渡すことができます。つながっていなければ、たとえすぐ隣にあるコンピュータであっても、いったんデータをUSBメモリなどの補助記憶装置※2に格納して渡すなどの手間が

※1 SNS（Social Networking Service）は、文字どおり、社会的な人的ネットワークを構築できるサービスです。代表的なサービスにTwitterやLINEなどがあります。

かかります。

　コンピュータの数が増えてネットワークが大きくなると、よりいろいろなことができるようになっていきます。ネットワークの中で最も規模が大きいのが、インターネットです。あとで詳しく説明しますが、インターネットでは、世界中の企業や家庭のネットワークをつないでさまざまな情報をやりとりできるようになっています。

コンピュータネットワークは、点（機器）とそれを結ぶ線（リンク）で構成されます。この1つひとつの点を**ノード**（node）といいます。たとえば、PCやスマートフォン、プリンタ、あとで説明するスイッチやルータを指します。ネットワークに接続され、データの送受信が可能なさまざまな機器を総称して「ノード」と呼んでいます。

ノード同士をつなぐ線を**リンク**といいます。ケーブルを指すことが多いですが、「7日目」で学ぶ無線LANの場合は電波がリンクに該当します。

■ コンピュータネットワークでできること

　コンピュータネットワークを利用するとデータを効率的に渡せることは説明しました。その他にはどのようなことができるでしょうか。身近なものを挙げてみます。

● 電子メールで情報をやりとりする

　いまや電子メールは一般的な通信手段となっているので、ほとんどの人は使ったことがあるでしょう。電子メールでは、メッセージやデータを瞬時に送り合うことができます。

※2　補助記憶装置には、ここに挙げたUSBメモリのほか、ハードディスクや光ディスク（CDやDVD）などがあります。データを保管する装置のうち、主記憶装置（メインメモリ）以外のものを指します。

● ファイルを共有する

　企業にあるコンピュータの記憶装置にはさまざまなデータが保存されています。たとえば、営業部では、取引先や顧客に関するデータ、売上データ、在庫管理データなどを保存しているでしょう。人事部であれば、従業員の個人情報や勤怠管理データを保持しています。コンピュータネットワークを利用すると、これらのファイルを複数の人で共有して閲覧することができます。また、権限※3のある人がデータを書き込むなどして更新することで、常に最新のデータを関係者で共有し、作業を効率よく進めることができます。

● 周辺機器を共有する

　プリンタやスキャナなどの周辺機器をネットワークにつなぐと、1台の機器を複数のPCで共有して有効活用できます。たとえば、企業ではプリンタはなくてはならない機器ですが、すべてのPCに1台ずつ設置していたのでは膨大な台数になり、コストもかかります。しかし、ネットワークにプリンタをつなげていれば、ネットワークにつながっている複数のPCでプリンタを共有できるためプリンタの設置台数を大幅に削減できます。

● 知りたい情報を収集する

　日常的にインターネットを使っている人は多いでしょう。インターネットは、世界中のコンピュータがつながる最大規模のネットワークです。あらゆる業種の企業がインターネットで情報を発信していますし、個人でも情報を発信しています。インターネットにつながったPCやスマートフォンがあれば、この膨大な量の情報からGoogleやYahoo!などの検索サイトを使って知りたい情報をすばやく収集することができます。

※3　この権限はアクセス権のことで、コンピュータシステムに保管されたデータを使用する権利のことです。システムの管理者がユーザやグループごとに閲覧や編集の権限を設定します。

● ネットショッピングをする

インターネットを利用して買い物をすることを、ネットショッピング（またはオンラインショッピング）といいます。自宅にいながら、いろいろな商品を購入することができます。

● 分散処理させる

少し専門的な話になりますが、1つの計算処理を、ネットワークにつながった複数のコンピュータで並列に実行することを、分散処理といいます。近年は、膨大な量のデータを扱うことも珍しくありません。ネットワーク上の複数台のコンピュータに処理を割り振ることで、全体の処理能力が向上し、複雑な計算処理を高速に実行することができます。

スタンドアロン
コンピュータなどの情報端末をネットワークにつながずに単独で利用することをスタンドアロンといいます。ネットワークを利用して他のコンピュータとデータをやりとりすることはできませんが、ネットワークを介したコンピュータウイルスの流入や情報の流出などから保護することができます。

1-2 ネットワークの種類

POINT!

- ・LANは限られた敷地内のコンピュータ同士をつないだネットワーク
- ・WANは遠隔地のLAN同士をつないだネットワーク
- ・インターネットは誰でも利用できる地球規模の巨大なネットワーク
- ・現在のLANはスター型トポロジで構成される

■ LANとWAN

　コンピュータネットワークは接続できる範囲の違いから、LANとWANの2種類に分類されます。

　LAN（Local Area Network）は、1つの建物や敷地内など限られた場所で構築されたネットワークです。たとえば、企業の同一ビル（あるいはフロア）内で構築されたネットワークや、家庭で複数のPCやプリンタを接続したネットワークがLANになります。LANは、限られた敷地内にある機器同士を自分たちで自由に接続したネットワークです。

　LANには、物理的なケーブルで接続される有線LANと、ケーブルの代わりに電波を利用する無線LANがあります（無線LANについては、7日目で詳しく学びます）。

　WAN（Wide Area Network）は、地理的に離れたLANとLANをつないだネットワークです。たとえば、ある企業の東京本社と大阪支社がそれぞれLANを構築している場合、双方のLANを接続することで、企業内で情報のやりとりができるようになります。こうしたネットワークがWANに相当します。

　WANは、**通信事業者**が提供するサービス（回線）を使用して構築されます。WANのサービスにはさまざまな種類があり、回線使用料も異なります。利用者は、回線品質やコスト（費用）などを考慮した上で最適なサービスを選択し契約します。

● LANとWAN

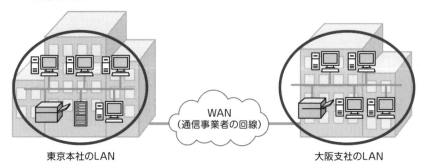

WAN
（通信事業者の回線）

東京本社のLAN　　　　　　　　　　　　　　　大阪支社のLAN

用語

通信事業者（電気通信事業者）

固定電話や携帯電話などの通信サービスを提供する回線事業者のことです。音声やデータを運ぶことから「通信キャリア（キャリア）」と呼ばれることもあります。

通信事業者には、NTTやKDDIのように伝送路設備※4を自ら保有している会社と、伝送路設備を自前では保有せずに保有する事業者から借りてサービスを提供する会社があります。

● LANとWANの比較

	LAN	WAN
接続範囲	同じ建物や敷地内に限定	公共の土地を利用して広範囲に接続
役割	ある範囲内で機器同士を相互接続する	離れた場所にあるLAN同士を相互接続する
構築と管理	ユーザが自前で行う	通信事業者が行う
コスト	初期（設計・構築と機器）導入費と管理費	サービス契約時の料金と月額の使用料

※4　電気通信事業法によると、伝送路設備とは、「送信の場所と受信の場所（隔地間）を接続する設備」です。簡単にいうと、電柱などを設置してケーブルを張り、遠隔地まで信号を届けられるようにした設備です。携帯電話や公衆無線LANサービスに使われる基地局も伝送路設備のひとつです。

■ インターネット

インターネットは、世界中のコンピュータが網の目のようにつながれた巨大な地球規模のネットワークです。インターネットは誰でも自由に利用できます。企業だけでなく、一般の家庭や公共施設などからもインターネットに接続することが可能です。スマートフォンやタブレット、ゲーム機などからも手軽に利用できる最も身近なコンピュータネットワークでしょう。

インターネットを利用するには、回線を提供している通信事業者とは別に[5]、インターネットへの接続サービスを提供する事業者と契約する必要があります。この事業者を、$\overset{アイエスピー}{ISP}$（Internet Service Provider）、またはプロバイダといいます。

インターネットは、世界中のネットワークをつないだ巨大ネットワークなので、無秩序につなげていくと接続が複雑になりすぎてしまいます。そこで考え出されたのが、ある程度のネットワークを1つのまとまりにして管理するしくみです。このまとまりを$\overset{エーエス}{AS}$といいます。ISPは、このASを管理し、AS同士を接続して世界中のネットワークへアクセスできるようにしています。

● インターネット

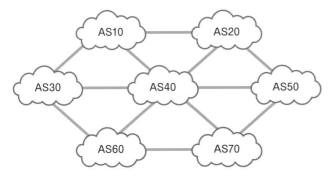

※5　1つの契約で、ISPと接続するための回線と、インターネット接続サービスの両方を提供している通信事業者もあります。

用語

AS（自律システム）

ASはAutonomous Systemの略で、日本語では自律システムと呼ばれます。ASは、1つの組織（主にISP)によって管理されるネットワークの単位です。それぞれのASには、識別するための番号が割り当てられ、さまざまな形態で接続されてインターネットを構成しています。

■ ネットワークトポロジ

ネットワークの構成を表す用語にトポロジがあります。**トポロジ**とは、ネットワークに機器（ノード）をどのようにつなぐのかを表す「接続形態」のことです。ここでは、代表的なトポロジを取り上げます。

● バス型トポロジ

バス型トポロジは、1本のバスと呼ばれるケーブル上に各ノードをつなぐ形態です。すべてのノードが1本のケーブルを共有するため、1か所でも断線するとネットワーク全体が機能しなくなってしまいます。昔のLANで利用されたトポロジです。

● バス型トポロジ

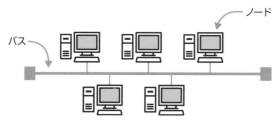

● スター型トポロジ

　スター型トポロジは、ハブやスイッチなどの集線装置を中心に各ノードをつないで、お互いに通信できるようにする形態です。1本のケーブルが断線しても影響を受けるのはそのケーブルを使用しているノードだけで、他のノードは通信を続けることができます。集線装置（ハブ）に対してスポーク（車輪の軸に放射状につなぐ棒）状にリンクをつなげるため、**ハブアンドスポーク**とも呼ばれます。扱いやすく拡張性にも優れており、現在のLANで最もよく使われているトポロジです。

● スター（ハブアンドスポーク）型トポロジ

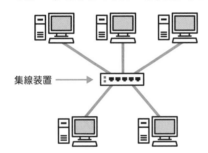

集線装置 →

集線装置
集線装置は「ケーブル（線）を結合するための装置」です。各ノードに接続されたケーブルを1つにまとめ、ノード同士を接続して通信を行う機能を持っています。一般的に集線装置というと、ハブまたはスイッチのことを指します。詳しくは2日目で説明しています。

用語

● メッシュ型トポロジ

　メッシュ型トポロジは、多くのノードを網（メッシュ）状に相互接続する形態です。主に企業の拠点同士を接続するWANで使用されます。メッシュ型には次の2つの形態があります。

・フルメッシュ

　すべてのノード間を相互に直接つなぎます。多数のリンクが必要になるためコストはかかりますが、1つのリンクが切れた場合でも他のノードを介して通信を続けることができます。

・パーシャルメッシュ

　利用頻度の高い重要なノード間のみを直接つなぎます。リンク数が少ない分、コストを抑えることができます。

●フルメッシュ型トポロジ　　　　　　　●パーシャルメッシュ型トポロジ

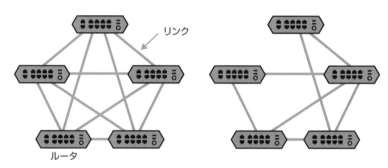

※ メッシュ型トポロジは主にWANで使用される形態なので、上記の図では、ネットワーク
　機器を集線装置（ハブやスイッチ）からルータに変えて表しています。「3日目」で詳しく学
　びますが、ルータはネットワーク同士をつなぐ機器です。

1-3 サーバとクライアント

POINT!

- ・サーバはサービスを提供するコンピュータ
- ・クライアントはサービスを受けるコンピュータ
- ・サーバはクライアントからの要求に対して応答を返す

■ サーバとクライアント

　みなさんがPCやスマートフォンを使って、Webサイトを閲覧したりメールをやりとりしたり、または動画や音楽の再生などを行うときは、さまざまなデータを受け取っています。このとき、データを送信してサービスを提供する側のコンピュータをサーバ、データを受信してサービスを受ける側のコンピュータをクライアントといいます。クライアントは、サーバに対して要求（リクエスト）を送ることで、欲しいデータを受け取ります。ネットワークにつながるコンピュータは、一般的に「サーバ」または「クライアント」の役割をもち、さまざまな処理を行っています。

● サーバとクライアント

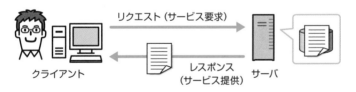

リクエスト（サービス要求）

クライアント　　レスポンス（サービス提供）　　サーバ

● 代表的なサーバ（サービス提供システム）

サービス	サーバの機能
メールサーバ	送られてきたメールを蓄積する受信機能と、宛先へメールを届ける送信機能をもつ
DNSサーバ	ドメイン名とIPアドレスを対応付けたデータベースを管理し、名前解決機能をもつ ➡「4日目」を参照
Webサーバ	クライアントからのリクエストに対し、指定されたWebページのデータを送る機能をもつ
FTPサーバ	各種サーバのハードディスクにデータをアップロードまたはダウンロードできるようにする
DHCPサーバ	クライアントの機器に、IPアドレスなど必要な情報を自動的に割り振る機能をもつ ➡「4日目」を参照
アプリケーションサーバ	クライアントからのリクエストに応じて必要となるデータを取り出して渡す機能をもつ

ピアツーピア

サーバとクライアントのように役割を分けるのではなく、同じ立場のコンピュータ同士が通信し合う形態をピアツーピア（P2P：Peer to Peer）といいます。「Peer」には同等や対等という意味があります。ファイル共有やインターネット電話、SNSアプリで広く利用されている「LINE」の通信方式もピアツーピアです。

● ピアツーピア（LINEの例）

左の図ではAさんからBさんへメッセージを送信しているので、Aさんは「サーバ」の役割をしています。一方、右の図はBさんからAさんへメッセージを送信しています。左右の図では、サーバとクライアントの役割が逆になっていますね。このように、ピアツーピアの通信には固定されたサーバとクライアントという概念がなく、コンピュータ同士が直接データをやりとりします。

1-4 アナログとデジタル

POINT!

・アナログは切れ目のない連続的な値である
・デジタルは一定間隔で区切られた情報を数字で表現する
・コンピュータは「0」と「1」の2進数を扱う

■ アナログとデジタル

「アナログ」「デジタル」という言葉は日常生活でも使われていますが、そもそも、どのようなもので、何が違うのでしょうか。

アナログとデジタルは、情報の表し方が異なります。アナログは「切れ目のない連続した情報」を表し、デジタルは連続していない「区切られた情報」を数字で表しています。

時計を例にしてみましょう。

アナログ時計

デジタル時計

イラストのアナログ時計では、「1時23分」と思う人もいれば「1時24分」と思う人もいるでしょう。アナログは連続した情報であるため、見る人や状況によって認識に違いが生じます。

一方、デジタル時計の方は切りのいいところで区切られた情報が数値で表されているため、誰が見ても「1時23分」です。

　ネットワークでデータを届けるとき、アナログのあいまいな情報では、送る側と受け取る側の認識によって相違が生じてしまうことになります。送信したデータと受信したデータは正確に同じ情報であることが大切です。

　データのあいまいさを排除し、正確に扱うため、現代のコンピュータは原則としてすべての情報を「0」と「1」の2進数のデータにコード化したデジタルデータとして処理します。

2進数
「0」と「1」の2種類の数字のみで数を表現する方法です。

用語

1-5 2進数、10進数、16進数

POINT!

- ・10進数は「0〜9」の10種類の数字で数値を表現している
- ・2進数は「0」と「1」の2種類の数字で数値を表現している
- ・16進数は「0〜9」と「A〜F」の16種類で数値を表現している

■ 10進数

　日常生活では、10進数を用いて数を表すことが多いでしょう。**10進数**とは、「0、1、2、3、4、5、6、7、8、9」の10種類の数字を使って値を表す方法です。「9」より大きい値を表すときは桁を繰り上げて「10」とします。このように数を表す方法を「位取り記数法（くらいどりきすうほう）」といいます。

　10進数の位取り記数法を「10進位取り記数法」といいます。考え方を詳しく見てみましょう。

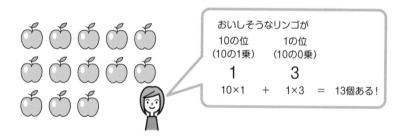

おいしそうなリンゴが

10の位 (10の1乗)	1の位 (10の0乗)
1	3
10×1	$+ \quad 1 \times 3$

$= 13$個ある！

10^3	10^2	10^1	10^0	
1000	100	10	1	← 位
0	0	1	3	10進数

上のリンゴを数える場合、1000の位と100の位はないので「0」になります。10の位は1なので10×1、1の位は3なので1×3で、合計13になります。

　10進数は普段使っているので、わざわざ「10進位取り記数法」で考えなくても直感的に数を理解できますね。

■ 2進数

　先ほど、デジタルデータの説明で触れましたが、コンピュータでは2進数のデータを扱います。2進数は、「0」と「1」の2種類の数字で値を表す方法です。「0」、「1」の次はすぐに桁が繰り上がり、「10（イチゼロ）」、「11」の次は「100」と、次々に桁が繰り上がります。

● 10進数と2進数

10進数	2進数	10進数	2進数
0	0	10	1010
1	1	11	1011
2	10	12	1100
3	11	13	1101
4	100	14	1110
5	101	15	1111
6	110	16	10000
7	111	17	10001
8	1000	18	10010
9	1001	19	10011

● 10進数を2進数に変換

　10進数を2進数に変換する方法を説明します。

　10進数の大きい数を位取り記数法で1つずつ2進数に変換していたのでは効率が悪くなってしまいます。そこで、次の図のように10進数の数値を2で割り、余りを記し、商が0になるまでこれを繰り返します。その余りの数を下から順に並べると、2進数に変換できます。

例として、10進数の「187」を2進数に変換してみましょう。

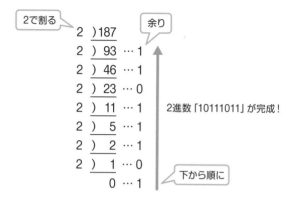

2進数「10111011」になりました。

● 2進数を10進数に変換

今度は、変換した2進数「10111011」を10進数に戻してみましょう。先ほどリンゴを数えるときに、10進位取り記数法で、10の0乗が1、10の1乗が10と示しました。2進位取り記数法でも、それぞれの位をべき乗にして計算します。べき乗にした数を基準値とし、そこに2進数「10111011」を当てはめてみます。

2^7	2^6	2^5	2^4	2^3	2^2	2^1	2^0	
128	64	32	16	8	4	2	1	基準値
1	0	1	1	1	0	1	1	2進数

$128×1 + 64×0 + 32×1 + 16×1 + 8×1 + 4×0 + 2×1 + 1×1 = 187$

2進数と10進数の変換は、試験問題を解くためにとても重要です。すばやく変換できるように、10進数から2進数への変換方法と上図の「基準値」を暗記しておくとよいでしょう。

電気製品であるコンピュータは、「スイッチのON・OFF」や「電圧の高・低」など2つの状態を区別することで情報を表すため、2進数を使用しています。

数字だけでなく、文字も2進数の数値で処理されます。たとえば、「A」という文字には「1000001」が文字コードとして割り当てられています。動画や音楽なども、2進数の数値で表されます。

> **重要**
>
> **コンピュータで扱うデータの単位**
>
> コンピュータでは次の単位を使って、データ量を表します。
>
> ・ビット（bit）‥‥‥ 2進数の1つの桁（0または1）。コンピュータで扱うデータの最小単位
> ・バイト（byte）‥‥‥ 8ビット（2進数の8つの桁）。オクテットともいう

■ 16進数

ここまでに、コンピュータでは2進数でデータを処理することを学びました。しかし、2進数は桁が大きくなるため、人間には扱いにくいデータです。そこで役に立つのが16進数です。**16進数**は、「0〜9」の10種類の数字と「A〜F」の6種類のアルファベットで値を表す方法です。

ここで、なぜ16進数を使うのか疑問に思う方がいるかもしれません。それは、2進数の4桁で表現する値と、16進数の1桁で表現する値の数がちょうど同じになるためです。16進数と2進数は変換しやすく相性がとても良いのです。2進数から16進数へ変換するときは、2進数を4桁ずつ区切ればいいので簡単です。

● 2進数を16進数に変換

実際にやってみましょう。2進数「01101010」を16進数へ変換する場合、「0110」と「1010」に分割します。そして、先ほどの基準値の下から4桁「8、4、2、1」を使って計算します。

基準値　8 4 2 1　　　　　　　　　8 4 2 1

　　　　　0 1 1 0　　　　　　　　　1 0 1 0

　　　8×0 + 4×1 + 2×1 + 1×0 = 4+2 = 6　　　8×1 + 4×0 + 2×1 + 1×0 = 8+2 =10

　　　　　　　　　　　　　　　　　　　　　※10進数の「10」は、16進数では「A」

2進数　　　0110　　1010

16進数　　　0×6A

値を数字だけで表現すると、10進数なのか16進数なのか区別できません。そこで混乱を避けるために、16進数には先頭に「０ｘ」を付けて表現します。
ゼロエックス

● 16進数を2進数に変換

今度は16進数「0x38」を2進数へ変換してみましょう。同じように「3」と「8」に分割して考えます。

16進数　　　0×38

2進数　　　0011　1000　……　00111000

最後に、10進数、2進数、16進数の変換表を示します。

● 10進数、2進数、16進数の変換表

10進数	2進数	16進数	10進数	2進数	16進数
0	0	0	9	1001	9
1	1	1	10	1010	A
2	10	2	11	1011	B
3	11	3	12	1100	C
4	100	4	13	1101	D
5	101	5	14	1110	E
6	110	6	15	1111	F
7	111	7	16	10000	10
8	1000	8	17	10001	11

1
日目

1
コンピュータネットワークの基礎知識

試験にトライ！

Q 次の16進数の中で値が最も小さいものを選びなさい。

A. 0CE081A3   B. 0C9E9136
C. 0C9FD031   D. 0CE09131

A 16進数で使用する値は次の16種類です。次のように、左から右へと値が大きくなります。

0 1 2 3 4 5 6 7 8 9 A B C D E F

← →

小さい   大きい

　1桁なら値の大小はすぐにわかりますが、2桁以上になったらどのように比較すればいいでしょう。その場合は、最上位（一番左の桁）から順に比較します。
　問題では、すべての選択肢の最上位が「0」になっています。この場合は上位2番目の桁で比較しますが、これも同じです。そこで、上位3番目の桁を比較すると、「9」または「E」に分かれます。「E」よりも「9」の方が小さいため、選択肢BとCが残ります。この2つの上位4番目を比較すると、選択肢Bが「E」、選択肢Cが「F」です。「E」の方が小さい値なので、選択肢Bが最小の値であることがわかります。

正解　**B**

CCNA試験では、ネットワーク機器で動作するさまざまな機能について出題されます。それらの機能の中には、ネットワーク機器に登録された16進数の値をもとに動作するものもあるので、16進数の理解は重要です。まずは、複数の16進数の値から最小値を選択できるようにしておきましょう。

2 ネットワークの階層化

- [ ] プロトコルとは
- [ ] OSI参照モデル
- [ ] TCP/IPモデル
- [ ] カプセル化と非カプセル化

2-1 プロトコルとは

POINT!

- プロトコルは通信を実現するためのルール
- 正しく通信するためには、双方で同じプロトコルが必要
- プロトコルは階層化されている

プロトコルって何?

この本を読んでいるみなさんは、たいていの場合、日本語で会話をしているでしょう。しかし、外国人と会話をするときはどうでしょう。相手が日本語を理解しなければ、相手の国の言語を使わないと話が通じませんよね。つまり、会話は「お互いに理解できるルール」によって成立しています。

ネットワークでも、通信上のルールが必要です。このルール（約束事）のことを通信用語では**プロトコル**と呼んでいます。日本語では通信規約といいます。

ここまで説明してきたとおり、コンピュータネットワークにはさまざまな種類の端末が接続され、いろいろな用途で利用されています。使用するプロトコルがお互いに異なっていると、サーバはクライアントからのリクエストを理解できず

に破棄してしまったり、そもそもサーバまでデータが届かないなどの問題が生じます。

　たとえば、国際郵便を出す場合、宛先は英語で書くことが一般的でしょう。日本語で書いても届くかもしれませんが、確実に届けるには、やはり事実上の世界共通言語である英語を使います。

　ネットワークで使用するプロトコルには非常に多くの種類があり、1つのネットワーク（ケーブルなどで直接接続されたネットワーク）だけでも複数のプロトコルを使って通信しています。プロトコルにはそれぞれ役割があり、役割ごとに寄せ集めて階層構造にし、目的に応じて組み合わせます。この階層化されたプロトコルの集まりをプロトコルスタック（stack：「積み重ね」という意味です）といい、各層はレイヤとも呼ばれます。代表的なプロトコルスタックには、OSI参照モデルやTCP/IPモデルがあります。

　プロトコルを階層化すると、次のようなメリットがあります。

・レイヤごとに独立性を持たせることができ、変更や機能追加が容易になる
・ネットワークを設計する際に、対象となる範囲を明確に区分できる

　役割を階層化する例としては、商品の発注から受け取りまでの流れを考えるとわかりやすいかもしれません。

　たとえば、遠くに住む友人にプレゼントを贈るとき、あなたの役割は贈る商品を選んで発注することです。お店の人は、商品に合ったラッピングをしてくれます。そのあと、配送伝票で住所を指定するなど発送の手配を経て、運送業者に持ち込まれます。運送業者は配送方法を決めて届けます。

●役割の階層化

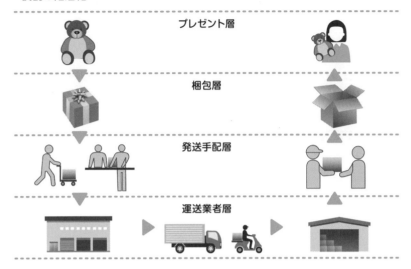

・プレゼント層 …… プレゼントを決める
・梱包層 ………… 商品をラッピングして梱包する
・発送手配層 …… 住所を指定して運送業者に届ける
・運送業者層 …… 配送方法を決めて届ける

　このように階層化して役割の範囲を明確にすることで、それぞれの仕事に独立性を持たせることができ、部分的な変更や改良が容易になります。これは、コンピュータネットワークの世界でも同じです。

2-2 OSI参照モデルとは

POINT!

- データリンク層は物理アドレスを使って、1つのネットワーク内のデータ転送を行う
- ネットワーク層は論理アドレスを使って、複数のネットワーク間でのデータ転送を行う
- トランスポート層は必要に応じて、データが確実に届くよう信頼性を提供する

OSI参照モデルは、ネットワークで必要とされる機能を7つの階層（レイヤ）に分類した通信の基本モデルです。OSIとは、Open Systems Interconnection（開放型システム間相互接続）の略で、異なる種別のコンピュータ間でのデータ通信を実現するためにISO（国際標準化機構）という団体によって定められました。

● OSI参照モデル

レイヤ	名前	主な役割
7	アプリケーション層	ユーザが利用するアプリケーションに対してネットワークサービスを提供する
6	プレゼンテーション層	データを正しく表現（プレゼンテーション）するために表現形式を決定する
5	セッション層	通信内容を区別し、セッション（通信の開始から終了まで）の管理を行う
4	トランスポート層	データを確実に届けるために信頼性を提供し、プログラム間での通信を行う
3	ネットワーク層	異なるネットワーク上のノードと通信するために、最適な経路を選択する
2	データリンク層	1つのネットワークに接続された隣接するノードとの正確なデータ通信を実現する
1	物理層	データ（ビット列）を伝送路に流すため、ネットワークに関する物理的な仕様を定義する

1
日目

2
ネットワークの階層化

● 物理層（レイヤ1）

物理層では、データの伝送に使用するケーブルなど、**ネットワークに関するすべての物理的な仕様を定めています。**

それらの仕様に従ってコンピュータとケーブルを接続し、送信されてきたデータをコンピュータが理解する「0」と「1」のビットの列に変換し、送信するときはビットの列をケーブルで扱う電気信号に変換します。

● データリンク層（レイヤ2）

データリンク層は、**1つのネットワーク内（ケーブルなどで直接接続されたネットワーク）でデータを正しく宛先のノードへ転送する**ための取り決めをしています。具体的には、データの送信元や宛先の識別方法、送信中にエラーが発生したときの対処方法などを定めています。

データリンク層では、データの宛先を示すために**物理アドレス**を使います。物理アドレスとは、PC内のLANカード※6などのネットワーク機器に付与されている固有の識別番号で、MACアドレスともいいます（MACアドレスについては「2日目」で学習します）。

●物理アドレス（MACアドレス）によって宛先を識別

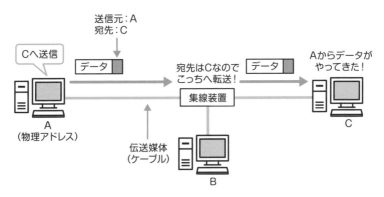

※6　LANカードは、PCなどのコンピュータをネットワークに接続するための機器です。NIC（Network Interface Card）とも呼ばれます（「2日目」を参照）。

● ネットワーク層（レイヤ3）

ネットワーク層は、**異なるネットワーク間でデータの転送を行うための取り決め**をしています。データの宛先が遠く離れたネットワークに存在する場合でも、ネットワークを次々にたどることによって、宛先へデータを届けることができます。

ネットワーク層では、データの宛先を示すためにIPアドレスなどの**論理アドレス**を使います。

ネットワーク同士を接続してデータを転送するネットワーク機器がルータです。ルータは、論理アドレスを見て、データを次にどこへ転送すべきか決定します。これを**ルーティング**と呼びます。

● 論理アドレス（IPアドレス）によって宛先を識別

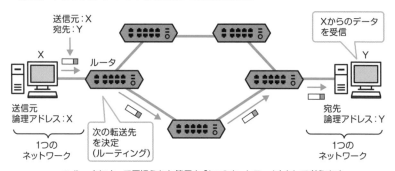

※ ルータによって区切られた範囲を「1つのネットワーク」として考えます

● トランスポート層（レイヤ4）

ネットワーク層の役割は、宛先のコンピュータまでデータを届けることです。一方、トランスポート層の役割は、**送り出したデータを宛先のコンピュータのアプリケーション（プログラム）に届ける**ことです。アプリケーションは番号によって識別されます。

トランスポート層では、データが確実に届くように通信の**信頼性**を確保します。そのために、データが正しく相手に届いたかを確認したり、届かなかった場合は再送します。

● セッション層（レイヤ5）

　セッションとは、アプリケーションによる通信全体を指します。例として、ホームページが表示されるまでの手順を考えてみましょう。Webブラウザを起動してURLを入力し、Enter キーを押すと通信が開始され、ページがすべて表示されると通信が終了します。この一連の通信がセッションです。1つのWebブラウザで複数のページを開いても、それぞれのページに要求した情報が正しく表示されるのは、セッションが適切に管理されているからです。

　セッション層は、**通信を行うプログラム同士の論理的な通信路（セッション）の確立から終了までを管理**します。

● プレゼンテーション層（レイヤ6）

　プレゼンテーション層では、**データの表現形式を取り決め**、文字、画像、動画といった**データ形式を区別**します。これによって、受信したデータを正しく表示できるようにしています。たとえば、異なる文字コードを使用しているコンピュータ同士が通信すると、文字が正しく表示されない、いわゆる文字化けという現象が起こります。このようなことが起こらないように制御しているのがプレゼンテーション層です。

　また、データの暗号化、圧縮方式についても規定しています。

● アプリケーション層（レイヤ7）

　アプリケーション層は、**ユーザとのインターフェイス（接点）になる層**で、**アプリケーションの目的に応じたサービス**を提供します。たとえば、メールを送る場合、相手のメールアドレスや件名、本文は、メールソフトの決められたフィールドに入力します。受信側が異なる種類のメールソフトを使っていても、件名や本文は各フィールドに正しく表示されます。これは、アプリケーション層でルールを取り決めているからです。

■ TCP/IPモデル

これまで説明してきたOSI参照モデルですが、実のところ最近の通信ではほとんど使用されていません。実際に使用されているのは、TCP/IP (Transmission Control Protocol/Internet Protocol) モデルです。これには、OSI参照モデルよりも先にTCP/IPモデルの普及が進んだという歴史的な経緯があります。

ではなぜ、OSI参照モデルについて学習する必要があるのでしょう。それは、ネットワークのしくみや機能を理解するのに、7階層のOSI参照モデルの方が明確でわかりやすいからです。

TCP/IPモデルは、ネットワークに必要な機能を4つの階層に分類しています。OSI参照モデルと対比すると、概ね次のようになります。

● OSI参照モデルとTCP/IPモデル

OSI参照モデル		TCP/IPモデル
アプリケーション層		アプリケーション層
プレゼンテーション層		
セッション層		
トランスポート層		トランスポート層
ネットワーク層		インターネット層
データリンク層		リンク層
物理層		

> 階層の名前は
> 違っても
> 機能はほとんど
> そのまま!

※ リンク層は、ネットワークインターフェイス層
　 と呼ばれることもあります

TCP/IPモデルの階層については、「2日目」以降で詳しく説明します。

2-3 カプセル化と非カプセル化

POINT!

・各層で必要な情報は「ヘッダ」として付加される
・送信側では「カプセル化」、受信側では「非カプセル化」の処理を行う

　OSI参照モデルの階層について学びましたので、実際にどのようにデータが送られていくのか、その流れを見てみましょう。

■ カプセル化

　コンピュータ間でデータを送信するとき、作成したデータは上位のアプリケーション層から順に処理を行っていきます。各層において必要な情報は、データの前に**ヘッダ**として取り付けて下位の層へ渡します。この処理を**カプセル化**といいます。なお、データリンク層ではヘッダのほかにデータの後ろにエラーチェック用の値（**トレーラ**）が付加されます。

　カプセル化をくり返し、できあがったデータは物理層で「0」「1」のビット列にしてケーブルなどの伝送路に流していきます。

● カプセル化（OSI参照モデルの例）

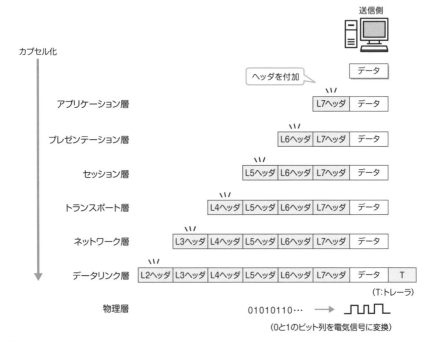

■ 非カプセル化

　受信側のコンピュータでは電気信号をビット列に変換してデータを取り込みます。各層では、その層のヘッダ情報に基づいて処理を行い、ヘッダを外してから上位層へ渡します。受信側では逆の手順でヘッダやトレーラが取り除かれていき、この処理を非カプセル化といいます。

● 非カプセル化（OSI参照モデルの例）

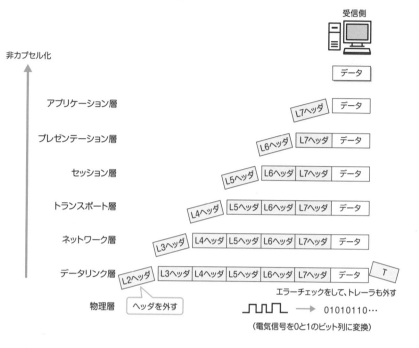

このようにして、最終的に受信側のアプリケーション上でデータを受け取ることができます。

参考

PDU（Protocol Data Unit）

ヘッダが付加されて扱われるデータの単位をPDU（プロトコルデータユニット）といいます。PDUの名称は階層モデルやプロトコルによって異なります。

OSI参照モデルの各層のPDUは、次のとおりです。

・トランスポート層（レイヤ4）…… セグメント
・ネットワーク層（レイヤ3）……… パケット
・データリンク層（レイヤ2）……… フレーム

1日目のおさらい

問題

Q1 次の文章の（　）に入る適切な用語を記述してください。

限られた敷地内にある機器を自由につないだネットワークを（　①　）といいます。一方、通信事業者が提供するサービスを利用して構築する広範囲なネットワークを（　②　）といいます。

① _____　　② _____

Q2 次の図を参照し、トポロジの名称を記述してください。

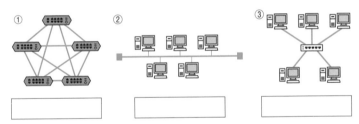

_____　　_____　　_____

Q3 次の説明のうち正しいものを選択してください。

A. デジタルは切れ目のない連続した情報を表すことができる

B. デジタルは一定間隔で区切られた情報をデータとして処理する

C. コンピュータは「1」と「2」の2進数でデータを扱う

D. アナログは一定間隔で区切られた情報であり、コンピュータでは扱いづらい

Q4 2進数「01100010」を10進数に変換してください。

Q5 2進数「11111111」を10進数に変換してください。

Q6 10進数「205」を2進数に変換してください。

Q7 2進数「10100111」を16進数に変換してください。

Q8 OSI参照モデルで「異なるネットワーク間でデータの転送を行う」ための取り決めをしている階層を記述してください。

Q9 プロトコルスタックの各層で「データの前に取り付けられる情報」の名称を記述してください。

解 答

A1　①LAN　②WAN

限られた敷地内にある機器同士を自由につないだネットワークのこと
を**LAN**、通信事業者のサービスを利用して広い範囲で構築されたネッ
トワークのことを**WAN**といいます。

→ P.23

A2　①メッシュ型　②バス型　③スター型

ノード同士を相互に接続するトポロジを**メッシュ型**、1本のケーブル上
にノードが接続されるトポロジを**バス型**、1つの機器を中心に各ノード
が接続されるトポロジを**スター型**といいます。メッシュ型のうち、図
のようにすべてのノードに接続されているトポロジをフルメッシュ型
といいます。

→ P.26～28

A3　B

デジタルは「一定間隔で区切られた情報」をデータとして処理します
(**B**)。一方、アナログは「切れ目のない連続した情報」を表します (A、
D)。コンピュータネットワークでデータを届けるとき、アナログの
ようにあいまいな情報よりも、データを「0」と「1」の2進数にコード
化した方が正確に伝送することができます (C)。

→ P.31

A4 98

$128×0 + 64×1 + 32×1 + 16×0 + 8×0 + 4×0 + 2×1 + 1×0 = 98$

➡ P.35

A5 255

$128×1 + 64×1 + 32×1 + 16×1 + 8×1 + 4×1 + 2×1 + 1×1 = 255$

2進数の8桁すべてが1のとき、10進数では255になることは、アドレス計算などでも使うのでとても重要です。計算しなくても答えられるようにしておきましょう。

➡ P.35

A6 11001101

商が0になるまで2で割り、余りを下から順に並べて2進数に変換します。

```
2 )205    余り
2 )102 … 1  ↑
2 ) 51 … 0  |
2 ) 25 … 1  |
2 ) 12 … 1  |
2 )  6 … 0  |
2 )  3 … 0  |
2 )  1 … 1  |
     0 … 1  |
```

➡ P.34

A7　0xA7

2進数「10100111」を「1010」と「0111」に分割して16進数に変換します。

2進数　　1010　0111

16進数　　0xA7

→ P.36

A8　ネットワーク層

ネットワーク層は、複数のネットワークを相互に接続し、異なるネットワーク間でデータの転送を行うために必要な取り決めをしています。

→ P.44

A9　ヘッダ

プロトコルスタックにおいて、データの前に取り付けられる制御情報のことを**ヘッダ**といいます。

→ P.47

2日目

2日目に学習すること

1 リンク層（ネットワークインターフェイス層）の役割

データを伝送するケーブルの種類とイーサネットの技術について学びます。

2 ネットワーク機器（スイッチ）

集線装置であるスイッチの機能としくみを理解しましょう。

1 リンク層（ネットワークインターフェイス層）の役割

- ☐ ケーブルの種類
- ☐ イーサネット
- ☐ MACアドレス

1-1 リンク層の仕事

POINT!

- ・データ伝送のための物理的な仕様を決める
- ・同じネットワーク内でのノード間の通信を制御する

「2日目」～「4日目」では、TCP/IPモデルの各階層について詳しく説明していきます。まず「2日目」は、リンク層について学びます。

TCP/IPモデルのリンク層は、OSI参照モデルの物理層（レイヤ1）とデータリンク層（レイヤ2）に相当します。ネットワークインターフェイス層とも呼ばれ、次の2つの役割を定義します。

2つの役割を定義している

リンク層
（ネットワークインターフェイス層）

① データを電気信号に変換する

② 同じネットワークに接続されたコンピュータを識別し、特定のコンピュータへデータを送信する

データを電気信号に正しく変換するために、リンク層では、データ伝送に必要なハードウェア（ケーブルやネットワークカード）を制御します。

1-2 ケーブルの種類

POINT!

・一般的に使用されているのはツイストペアケーブルと光ファイバケーブル
・ツイストペアケーブルの品質はカテゴリに分けられ、カテゴリの数字が大きいほど高品質

　現在、一般的に使用されているケーブルは、ツイストペアケーブルと光ファイバケーブルです。

■ ツイストペアケーブル

　ツイストペアケーブルは、より対線とも呼ばれ、8本の細い銅線を2本ずつより合わせたケーブルです。4対線の外側をビニールの皮膜で覆い1本のケーブルにしています。**LAN**ケーブルとも呼ばれます。

● ツイストペアケーブル

● UTP/STP

　ツイストペアケーブルには、電磁ノイズを遮断するシールド加工を施したタイプがあります。シールド加工を施したケーブルは**STP** (Shielded Twisted Pair) と呼ばれます。STPは、ノイズが多く発生する工場や研究所など、特殊な環境で使用されます。

2日目 ① リンク層（ネットワークインターフェイス層）の役割

STPは高価なため、一般的にはシールド加工なしのUTP (Unshielded Twisted Pair) が使用されています。普段よく目にするLANケーブルはUTPです。

> ツイストペアケーブルは、銅線に電気信号を流すことでデータをやりとりします。このとき、2本の線が平行になっていると、電磁誘導と呼ばれる現象が起こり、信号の正確な伝送を妨げます。これを防ぐために銅線をより合わせています。また、より合わせることでケーブル自体から放射されるノイズを抑制します。

● コネクタ

ケーブルの末端に取り付けられている部品を**コネクタ**といいます。コネクタを機器のポートに差し込むことで、ケーブルの電線とPCやネットワーク機器などを容易に接続することができ、接続と取り外しを繰り返し行えます。

ツイストペアケーブルでは、RJ-45と呼ばれる8芯 (8本の銅線が収容できる)のコネクタが使用されます。

● RJ-45コネクタ

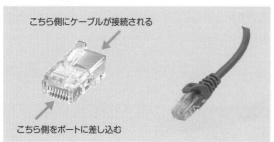

こちら側にケーブルが接続される

こちら側をポートに差し込む

● ケーブルのカテゴリ

ツイストペアケーブルは、対応している規格によってカテゴリに分けられています。それぞれ、適合する通信速度や周波数※1が異なり、カテゴリ名に含まれる数字が大きいほど品質が高く、1秒あたりに送信できるデータ量も多いため高速通信が可能になります。

カテゴリは、「CAT6」のように省略して表記されます。

● ケーブルのカテゴリ表記

カテゴリ名に含まれる数字が大きいほど、高速な通信が可能！

| 低速 | | | | | | 高速 |

100Mbps　1Gbps　　　　10Gbps　　　　40Gbps

CAT5　CAT5e　CAT6　CAT6A　CAT7　CAT8　← カテゴリ名

※ CAT7以上は、GG-45やTERAと呼ばれるコネクタを使用し、ケーブルはSTPのみになります。

用語

bps
bps（ビーピーエス）はbit per secondの略で、通信速度を表す単位です。1秒間に何ビットのデータが転送されるかを表しています。1,000bpsは1k（キロ）bps、1,000kbpsは1M（メガ）bps、1,000Mbpsは1G（ギガ）bpsです。

● 最大ケーブル長

　ツイストペアケーブルを設置するときはケーブルの長さに注意する必要があります。UTPケーブルの最大長は基本的に100メートルとされています。これは、信号の減衰や、あとで説明する衝突検出などの理由からです。100メートルを超える長さのケーブルが必要な場合は、集線装置であるスイッチや延長装置などを使用することで、接続距離を延ばすことができます。

※1　周波数とは、1秒間に繰り返される波の数のことで、単位はHz（ヘルツ）です。送電線に流れる電流が1秒間に60回の波が繰り返されると60Hzとなります。

c o l u m n

ストレートケーブルとクロスケーブル

ツイストペアケーブルには、線の配列が異なるストレートケーブルとクロスケーブルの2種類があります。

ストレートケーブルは、ケーブル両端のピン配列が同じで、内部にある8本の銅線が両端で同じピンと接続できるようになっています。クロスケーブルは、8本の銅線の一部が交差しているため、ケーブル両端でピン配列が異なっています。

このように2種類のケーブルが存在する理由は、ケーブルを差し込むポートの受信用と送信用のピン配列が機器によって逆になっているからです。一般的に、PCやルータのポートとハブやスイッチのポートはピン配列が逆になっています。PCやルータのポートの種類をMDI、ハブやスイッチのポートの種類をMDI-Xといいます。

2つのノード間で正しく通信を行うには、送信ピンと受信ピン／受信ピンと送信ピンでつなぐ必要があります。次の図のように、PCとスイッチのように異なるピン配列のポートをつなぐときはストレートケーブルを、スイッチ同士のように同じピン配列のポートをつなぐときはクロスケーブルを使います。

● PCとスイッチの接続

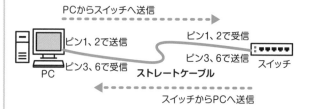

● スイッチ同士の接続

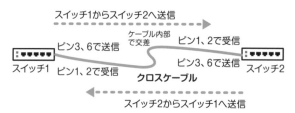

ただし最近では、クロスケーブルを使う必要はなくなっています。接続先のポートタイプを自動判別して切り替えを行ってくれるAuto MDI/MDI-X機能が登場したからです。現在はほとんどの機器がこの機能を備えているため、ストレートケーブルだけで済むようになっています。また、ギガビットイーサネットの場合、ストレートとクロスの自動判別機能が仕様に盛り込まれているため、ケーブルの種類を気にする必要はさらになくなっています。

■ 光ファイバケーブル

光ファイバケーブルは、ガラスの中に光を閉じ込めて伝送する通信ケーブルです。光を伝搬する中心部分の「コア」と、その周囲を覆う「クラッド」という2種類の素材で構成されています。素材は一般的に純度の高いガラスが使われています。光ファイバはきわめて細く、クラッドの周囲には保護被覆をかぶせています。

●光ファイバケーブル

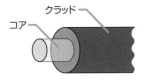

コアに差し込んだ光は、特定の角度で反射を繰り返しながら進んでいきます。伝搬される光の通り道のことをモードと呼び、モードの数によって光ファイバケーブルは次の2種類に分類されます。

● シングルモードファイバ（SMF）

コアの径が小さく、1つのモードしか通らない光ケーブルです。光信号に歪みや分散がないため、高品質で安定した通信が可能です。長距離通信に適しています。

● マルチモードファイバ（MMF）

　複数のモードを通す光ケーブルです。信号の伝搬に歪みが生じるため、シングルモードファイバに比べると伝送損失が大きくなりますが、光ファイバ接続が簡単で安価なため、建物の中や敷地内などの近距離通信で広く使用されています。

　光ファイバケーブルは、電磁的なノイズの影響を受けず、長距離でも安定した高速通信が可能です。ただし、ガラス質の素材を使用しているため取り扱いが難しく、ツイストペアケーブルに比べるとコストが高くなります。

1-3 イーサネット

POINT!

- 現在のLANはイーサネットの技術を使用している
- イーサネットの規格名には、"IEEE802.3"で始まるものと、通信速度とケーブルタイプを組み合わせたものがある
- MACアドレスを使用して通信相手を特定する

■ イーサネットとは

　現在、ケーブルを使用したLAN（有線LAN）は、**イーサネット（Ethernet）** の技術を使用しています。

　イーサネットは、TCP/IPモデルのリンク層（ネットワークインターフェイス層）に対応した規格です。同じネットワークに接続されたイーサネット機器同士でデータをやりとりするための取り決めをしています。

　次図の例では、スイッチと呼ばれる集線装置に2台のPCを接続しています。機器同士はイーサネット規格のネットワークインターフェイス（接続点）とケーブルでつながっています。

　このように、イーサネットは1つの有線ネットワークを構成します。スイッチは、2台のPCをつなげて適切に通信が行われるように制御しますが、PCはその働きを意識することなくデータをやりとりできます（スイッチについては、「2　ネットワーク機器（スイッチ）」を参照）。

● イーサネットによるデータ転送

PC　　　　　　　データ　　　　　　　PC

■：ネットワークインターフェイス（NIC）

NIC
Network Interface Cardの略。コンピュータなどの機器をネットワークに接続するための部品です。LANカードとも呼ばれ、イーサネット規格のネットワークインターフェイスを備えています。現在、ほとんどのコンピュータには最初から組み込まれています。

用語

■ イーサネットの規格

　イーサネットの規格は、IEEE (Institute of Electrical and Electronic Engineers：米国電気電子技術者協会) が802.3として定めています。通信速度や使用するケーブルによって、次の表に示すような規格に分類されます。

● 主なイーサネット規格

規格名		通信速度	ケーブル	最大ケーブル長
IEEE802.3	10BASE5	10Mbps	同軸ケーブル	500m
IEEE802.3a	10BASE2		同軸ケーブル	185m
IEEE802.3i	10BASE-T		UTP（CAT3以上）	100m
IEEE802.3u	100BASE-TX	100Mbps	UTP（CAT5以上）	100m
	100BASE-FX		光（MMF/SMF）	2km/20km
IEEE802.3z	1000BASE-SX	1Gbps	光(MMF)	550m
	1000BASE-LX		光（MMF/SMF）	550m/10km
IEEE802.3ab	1000BASE-T		UTP（CAT5e以上）	100m
IEEE802.3ae	10GBASE-SR	10Gbps	光(MMF)	300m
	10GBASE-LR		光(SMF)	10km
IEEE802.3an	10GBASE-T		UTP（CAT6A以上）	100m

　表のとおり、イーサネットの規格名には「"IEEE802.3" で始まるもの」と「通信速度とケーブルタイプを組み合わせたもの」があります。後者の規格名には命名規則があります。具体的に見てみましょう。

```
1000   BASE  -  T
通信速度  伝送方式  ケーブル
```

　最初の数字は通信速度で、基本的にMbps単位で表します。次の「BASE」はBasebandという伝送方式の意味ですが、イーサネットではこの方式のみです。ハイフン (-) の後ろはケーブルの種類や信号の特徴を表しています。「T」はツイストペアケーブルを、「F」は光ファイバを示しています。また、「S」は短距離、「L」は長距離を示しています。なお、数字の場合は同軸ケーブルの最大ケーブル長を100メートル単位で示しています。

同軸ケーブル
電気を通して情報を伝達する通信ケーブルで、テレビのアンテナ線などで使われています。通信用ケーブルとしても、初期のイーサネットで使用していました。

イーサネット規格の通称
イーサネットは、通信速度によって分類された次のような通称があります。

通称	通信速度
FastEthernet (ファストイーサネット)	100Mbps
GigabitEthernet (ギガビットイーサネット)	1Gbps
TenGigabitEthernet (テンギガビットイーサネット)	10Gbps

MACアドレス

先に述べたように、イーサネットでは1つのネットワークを構成し、目的のノードにのみデータを届けるという役割があります。たとえば、メールを送るときには宛先として相手のメールアドレスが必要ですね。イーサネットでは、この宛先に**MACアドレス**を使用します。

MACアドレスは、イーサネットや無線LANにおいてフレームの送信元や宛先を特定するためのアドレスです。コンピュータやネットワーク機器を接続するNIC（ネットワークインターフェイスカード）には、必ず固有（世界で1つだけ）のMACアドレスが割り当てられています。機器の製造時に焼き込まれているため、ハードウェアアドレスや物理アドレスとも呼ばれます。

MACアドレスは、48ビット（6バイト）で構成され、次のルールで割り振られています。

● MACアドレスの割り当て

OUI (Organizationally Unique Identifier)
・IEEEが管理
・各ベンダに割り振った番号で、ベンダコードとも呼ばれる

※ベンダ (vendor)：機器の製造メーカ

シリアル番号
・各ベンダが管理
・重複しないように割り振った機器固有の番号（順番に値を割り当てるシリアル番号）

● MACアドレスの表記

48ビットのMACアドレスは、人間にわかりやすいように2進数ではなく16進数で表記します。16進数にすると12桁になります。表記には次の3つの記述方法があります。

記述方法	（例）
・2桁ずつハイフン (-) で区切る ⇒	00-00-0C-01-02-03
・2桁ずつコロン (:) で区切る ⇒	00:00:0C:01:02:03
・4桁ずつドット (.) で区切る ⇒	0000.0C01.0203

前半6桁の部分はOUI（ベンダコード）です。ちなみに、上記の例の00-00-0Cはシスコシステムズに割り当てられたOUIです。

● MACアドレスの種類

MACアドレスは、通信の方式に合わせて以下の3種類があります。

・ユニキャストMACアドレス ………… 「1対1」の通信に使用
・ブロードキャストMACアドレス …… 「1対全」の通信に使用
・マルチキャストMACアドレス ……… 「1対n」の通信に使用

PCのNICなどに設定されるのは、ユニキャストMACアドレスです。複数のホストにまったく同じデータを送りたいときを考えましょう。宛先がユニキャストアドレスであれば、送りたい宛先の数だけ繰り返し送信しなければなりません。同じネットワーク上の全ホストまたは特定グループのホストに同じデータを送信する場合は、宛先をブロードキャストやマルチキャストのアドレスにすると、効率よく転送できます（詳しくは、3日目「IP通信の種類」で説明します）。

縦書き：リンク層（ネットワークインターフェイス層）の役割

2日目

1

なお、イーサネットのブロードキャストMACアドレスは、48ビットをすべて1にしたFFFF.FFFF.FFFFです。マルチキャストMACアドレスは、マルチキャストIPアドレスを基に生成されます。

---

c o l u m n

ホストとノード

「1日目」で、ネットワークに接続される機器を総称して「ノード」と呼ぶと説明しました。しかし、TCP/IPモデルのネットワークを学ぶときには「ホスト」という用語も頻繁に出てきます。ホストもネットワークを構成する機器なのでノードの1つですが、ノードとどのように使い分けられているのでしょうか。

一般に「ホスト」は、IPアドレスを持つすべてのコンピュータのことを指しています（IPアドレスについては「3日目」で学びます）。

■ CSMA/CD

初期のイーサネットは、1本の同軸ケーブルに複数のコンピュータを接続するバス型トポロジでした。この場合、ある時点でデータを送信できるのは1台のホストだけで、ほかはすべて受信側になります。

イーサネットでは、通信を制御する方式として、CSMA/CD（Carrier Sense Multiple Access/Collision Detection）を使用していました。この方式は、簡単に言えば「早い者勝ち」のルールに則っています。

● CSMA/CDの動作

CSMA/CDは次のように動作します。

① ケーブルの空きを確認（CS：キャリアセンス）

　　データを送ろうとするホストは、ケーブル上に信号が流れていないことを確認します（Carrier Sense：キャリア検知）。信号が流れていれば待機し、ケーブルが空きになるまで繰り返し確認します。

② 同じ回線を共用しデータを送信（多重アクセス）

　　複数のホストは同じケーブルを共用し、ケーブルの空きが確認できるとデータの送信を開始できます（Multiple Access）。

③ 衝突（コリジョン）の検出

　　複数のホストがほとんど同じタイミングでケーブルの空きを確認すると、同時にデータの送信を開始します。

　　1本のケーブル上に同時に送信された信号は衝突し、壊れてしまいます。この電気信号の衝突を**コリジョン**といいます。

　　コリジョンを検出したホストは、すべてのホストに衝突をジャム信号[2]で知らせます（Collision Detection：衝突検出）。

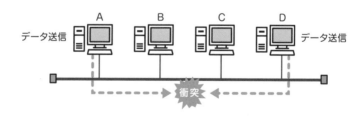

※2　ジャム信号（Jam Signal）は、CSMA/CDにおいて、電気信号の衝突を通知するための信号です。ジャム信号を受け取ったホストは、データの送信がしばらくの間できないと判断します。

④ ランダムな時間待ってからデータを再送信

コリジョン発生時にデータを送信していたホストは、コリジョンを検出するとデータの送信を停止し、ランダムに設定された（任意の）時間を待機してからデータを再送信します。

バックオフというアルゴリズムによって、待ち時間をランダムにすることで再送信のタイミングをずらし、再度衝突することを回避しています。

イーサネットは伝送媒体（ケーブル）を共用するため、ノードの台数やトラフィック量（ネットワーク上を行き交うデータ量）が多いと伝送効率が下がります。現在のイーサネットでは、伝送媒体を共用しない接続が一般的になったので、CSMA/CDは使用されなくなりました。しかし、CSMA/CDはイーサネットの基本となる概念なので、しっかり理解しておきましょう。

なお、無線LANでは伝送媒体（電波）を複数のホストで共用するため、よく似たCSMA/CAという制御方式を採用しています（CSMA/CAについては、7日目「無線LANの基礎」で説明します）。

■ イーサネットフレーム

「1日目」に学習したとおり、リンク層では、転送データに制御情報のヘッダと、エラーチェックのためのトレーラを末尾に付けてフレームとして扱います。

一般的なイーサネットフレームのフォーマット（形式）は次のとおりです。

● イーサネットフレームのフォーマット

6バイト	6バイト	2バイト	46〜1500バイト	4バイト
宛先MACアドレス	送信元MACアドレス	タイプ	データ	FCS

← ヘッダ →
← トレーラ →

- 宛先MACアドレス ……… フレームの宛先となるMACアドレス
- 送信元MACアドレス …… フレームを送信するノードのMACアドレス
- タイプ ……………………… イーサネットで転送するデータの種類を識別するための番号
  例)IPv4は0x0800、IPv6は0x86DD、ARPは0x0806
- データ ……………………… 転送対象のデータ
- FCS ………………………… Frame Check Sequence。受信側でフレームのエラーチェックを行う
  ためのCRC(Cyclic Redundancy Check)値を格納。
  受信側でもCRC計算を行い、値が一致しない場合はエラーが発生した
  と判断して、そのフレームを破棄する

　フレームを受信した各ホストは、ヘッダ内の宛先MACアドレスをチェックし、それが自分宛てのデータかどうかを確認します。また、応答を返す必要がある場合には、受信したフレームの送信元MACアドレスを宛先にして送ります。

● イーサネットフレームの受信

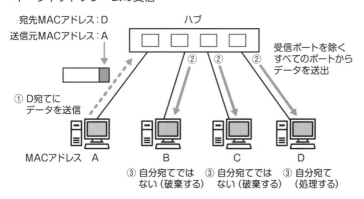

宛先MACアドレス:D
送信元MACアドレス:A

ハブ

受信ポートを除く
すべてのポートから
データを送出

① D宛てに
データを送信

MACアドレス　A　　B　　C　　D

③ 自分宛てでは
ない(破棄する)

③ 自分宛てでは
ない(破棄する)

③ 自分宛て
(処理する)

※図をわかりやすくするため、MACアドレスをA〜Dで示していますが、実際は
「0000.0C01.0203」のように48ビットを16進数で示します。

リンク層(ネットワークインターフェイス層)の役割

2 ネットワーク機器 (スイッチ)

☐ スイッチの機能
☐ コリジョンドメイン

2-1 スイッチの機能

POINT!

・フレームをバッファリングする
・全二重通信を可能にする
・MACアドレスを学習する
・コリジョンドメインを分割する

MACアドレスを利用してデータの転送処理を行う集線装置のことを**スイッチ**（レイヤ2スイッチまたはスイッチングハブ）といいます。スイッチは、リンク層で動作[※3]する機器です。

● スイッチ

※3 リンク層のヘッダを解釈できることを指します。

■ バッファリング機能

　一般的なスイッチは、受信フレームの全体をいったんバッファ※4に溜めて（ストア）、フレームの末尾にあるFCSでエラーチェックを行います。エラーがなければ、転送（フォワード）処理を実行します。このような転送方式を**ストアアンドフォワード**といい、これを可能にする機能をバッファリングといいます。スイッチに接続された複数のホストから受信したフレームを同一のポートから出力する場合、ある時点で処理できるのは1つのフレームだけです。このとき、バッファリング機能があれば、ほかのフレームは一時的にバッファに溜めておき、最初のフレーム処理が終わったあとで送信することができます。

● フレームのバッファリング

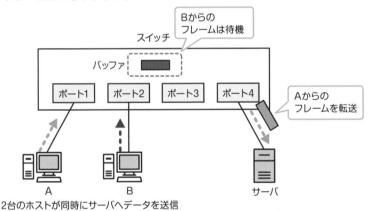

2台のホストが同時にサーバへデータを送信

　また、高速のポートから低速のポートにフレームを送出する場合にも、バッファリング機能は効果を発揮します。

※4　バッファとは、データを転送するときにデータを一時的に格納すること、または格納しておく場所を指します。

● 高速ポートから低速ポートへのフレーム送出

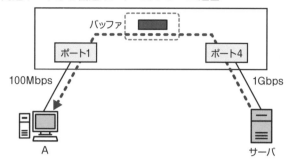

高速 (1Gbps) のポートから、低速 (100Mbps) のポートへデータを送信

全二重通信

　データの送信と受信を同時に行うことを**全二重通信**といいます。反対に、データの送信と受信を同時に行うことができず、切り替えて行うのは**半二重通信**です。当然、全二重の方が半二重よりも通信効率が良く、衝突が起こらないためCSMA/CDによる制御も不要です。

　全二重通信を行うには、2つのイーサネットポート間をツイストペアケーブルで接続します。ケーブルは見た目には1本ですが、内部は8本の銅線が2本1組となってより合わされているため、4組のケーブルとして使用できます。全二重通信では、それを送信用と受信用に分けることで、同時に電気信号を流しています。

● 全二重通信

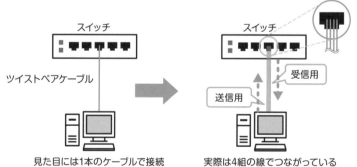

■ MACアドレスの学習

　スイッチは、**MACアドレステーブル**と呼ばれるデータベースを保持しています。このテーブルには、各スイッチのポートとその配下に接続されているホストのMACアドレスが記録されます。スイッチは、受信したフレームの宛先MACアドレスを基に、MACアドレステーブルを確認して該当するポートにだけフレームを転送します。

　スイッチがフレームを転送するときの動作は、次のとおりです。

●スイッチのフレーム転送

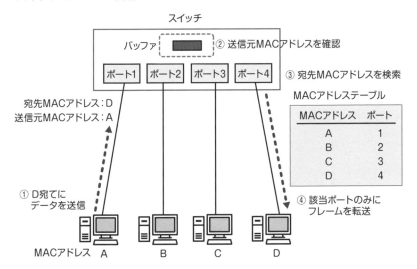

上の図の動作を詳しく見てみましょう。

① MACアドレスAをもつホストがD宛てにデータを送信しました。
② スイッチは受信したフレームの送信元MACアドレスを読み取り、そのアドレスをポートに関連付けてMACアドレステーブルに登録します。

③ フレームの宛先MACアドレスを読み取り、一致するアドレスがあるかどうか
　 MACアドレステーブルを調べます。

④ 該当したポートにのみフレームを転送（フォワーディング）します。

 スイッチがフレームを転送するときの動作は重要です。受信フ
レームの送信元MACアドレスをMACアドレステーブルに登録
し、転送する際は宛先MACアドレスを検索します。

　前の図の例では、受信フレームの宛先MACアドレスは、すでにMACアドレス
テーブルに登録されていました。しかし、宛先のMACアドレスがMACアドレス
テーブルに存在しないこともあります。その場合は、どのポートに転送すべきか
判断できないため、受信したポート以外のすべてのポートからフレームを送出し
ます。この動作をフラッディングと呼びます。宛先MACアドレスに一致しないフ
レームは、各ホストのNICによって破棄されます。

● フラッディング

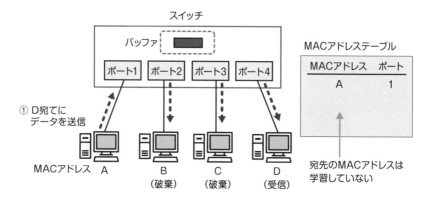

　それでは、フレームの宛先がブロードキャストの場合はどうでしょうか。MAC
アドレステーブルに登録されているのはユニキャストのMACアドレスです。全員
宛てのブロードキャストアドレスではありません。スイッチは、ブロードキャス
ト宛てのフレームを受信するとフラッディングを行います。

試験にトライ！

Q 図のようなネットワークで、スイッチはPC-Aが送信したユニキャストフレームをFa0/2、Fa0/3、Fa0/4に送信しました。このときのMACアドレステーブルは次のどれですか。

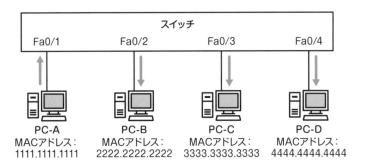

A. MACアドレステーブル

MACアドレス	ポート
2222.2222.2222	Fa0/1

B. MACアドレステーブル

MACアドレス	ポート
1111.1111.1111	Fa0/1
2222.2222.2222	Fa0/2
3333.3333.3333	Fa0/3
4444.4444.4444	Fa0/4

C. MACアドレステーブル

MACアドレス	ポート
1111.1111.1111	Fa0/1

D. MACアドレステーブル

MACアドレス	ポート
2222.2222.2222	Fa0/2
3333.3333.3333	Fa0/3
4444.4444.4444	Fa0/4

A スイッチのMACアドレステーブルを選ぶ問題です。ここまでの学習では、図の説明をわかりやすくするために、MACアドレスにA、Bなどの1文字を用いてきましたが、実際の試験問題ではこのように48ビットを16進数で示されます。ポート番号のFa0/1などは、FastEthernetのポートであることを示しています。

では、問題を解いていきましょう。

リンク層で動作するスイッチは、フレームを受信すると次の手順で転送します。

① 受信したポートと送信元MACアドレスを関連付けて、MACアドレステーブルに登録する
② 宛先MACアドレスと一致するエントリを調べる(MACアドレステーブルの検索)

スイッチは宛先MACアドレスを基にMACアドレステーブルを調べます。MACアドレステーブルに一致するエントリが存在すれば、そのエントリに関連付けられているポートにのみフレームを送信します。一致するエントリが存在しない場合は、受信したポート以外のすべてのポートにフレームを送信します (フラッディング)。

今回スイッチは、受信したポート (Fa0/1) 以外のすべてのポートにフレームを送信しています。

この問題では、PC-Aが送信したフレームの宛先は不明ですが、特定のホストを宛先にしたユニキャストのフレームです。スイッチがユニキャストフレームをフラッディングするのは、MACアドレステーブルに宛先MACアドレスと一致するエントリが存在しないときです。

以上から、Fa0/1ポートと1111.1111.1111が関連付けられたエントリが登録され、PC-A以外のMACアドレスが存在しないMACアドレステーブルが正解になります。

| 正解 | **C**

---

c　o　l　u　m　n

ハブとスイッチ

イーサネットの集線装置には、ハブ(リピータハブ)とスイッチがあります。両者の違いは次のとおりです。

●ハブ
・MACアドレスを解釈できず、すべての電気信号をすべてのポートに中継する
・OSI参照モデルの物理層で動作する機器なので、レイヤ1デバイスといわれる

・半二重通信のみ（このあとの「コリジョンドメイン」を参照）
ケーブルで送信される間に減衰した信号を増幅する（信号の波形を整える）「リピータ」という機能を持つため、リピータハブと呼ばれます。

●スイッチ
・受信した信号をフレームのかたちに整える
・MACアドレスを解釈して、データを必要なポートにのみ送ることができる
・OSI参照モデルのデータリンク層（TCP/IPモデルのリンク層）で動作する機器なので、レイヤ2デバイスといわれる
・全二重通信ができる

ハブを進化させたスイッチが普及したことで、現在、ハブを使用することはほとんどなくなっています。

2日目

2 ネットワーク機器（スイッチ）

■ コリジョンドメイン

コリジョンドメインとは、「データの衝突（コリジョン）が起こる範囲」のことをいいます。このコリジョンドメインは、集線装置としてスイッチとハブ（リピータハブ）のどちらを使用するかによって大きく異なります。まずは、ハブを使った動作から見ていきましょう。

● ハブを使った場合のコリジョンドメイン

ハブは、複数のホストをケーブルで接続し、データを中継する物理層の機器です。ハブとホストの間では、ツイストペアケーブルの構造から、ケーブル上で信号の衝突は起こりません。しかし、ハブは同時に2つのポートから電気信号を受信すると処理することができないのです。そこで、ハブの内部にあるコントローラでは、次のルールに従ってコリジョンを疑似的に作り出しています。

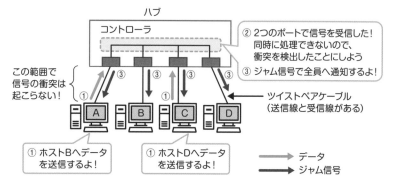

●疑似コリジョン（2つ以上のポートで信号を受信）

ハブ

コントローラ

② 2つのポートで信号を受信した！
同時に処理できないので、
衝突を検出したことにしよう

③ ジャム信号で全員へ通知するよ！

この範囲で
信号の衝突は
起こらない！

ツイストペアケーブル
（送信線と受信線がある）

① ホストBへデータ
を送信するよ！

① ホストDへデータ
を送信するよ！

データ
ジャム信号

　ハブは、同時に2つのポートで信号を受信すると、疑似的に衝突が発生したことにして、すべてのポートからジャム信号を送信します（同時に1つのポートで信号の送信と受信を検出した場合にも、同様に疑似コリジョンとして処理します）。

　ジャム信号を受信したホストAとCは、CSMA/CDに従ってランダムな時間だけ待機してから再送信を試みます。ホストBとDもジャム信号を受信しているので、コリジョンドメイン内のどこかで衝突が発生したことを認識できます。

　コリジョンを通知するためのジャム信号は、ツイストペアケーブルの受信線を使って送信されます。したがって、送信線は送受信双方の役割で使用しなければならないため、ハブと接続した場合には、送信と受信を切り替えて行う半二重の通信になってしまいます。

● スイッチを使った場合のコリジョンドメイン

　次に、集線装置にスイッチを使ったときの動作を見ていきましょう。

　スイッチは、複数のホストをケーブルで接続し、データを中継するリンク層の機器です。スイッチにはバッファリング機能があるので、スイッチとホストをつなぐケーブル上で信号の衝突は起こりません。スイッチは受信したデータをいったんバッファ（メモリ）に格納し、宛先MACアドレスを基にMACアドレステーブルを確認して、該当するポートだけにデータを送信す

ることができます。そのため、2つ以上のポートから電気信号を受信しても、フレームとして処理することができます。ハブのようにジャム信号を送信しないので、データの送信と受信を同時に行うことができる全二重の通信になります。ただし、スイッチのポートにハブを接続すると、そのポート上では半二重の通信となります。

　このように、ハブに接続されているノードは全体で1つのコリジョンドメインを構成し、スイッチは**ポートごとにコリジョンドメイン**を分割することができるのです。

● コリジョンドメイン

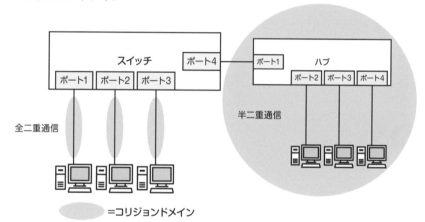

重要

コリジョンドメインについて
・ハブは全体で1つのコリジョンドメインを構成する
・スイッチはポートごとにコリジョンドメインを構成する

通信方式について
・ハブと接続すると半二重の通信しかできない
・スイッチと接続すると全二重の通信ができる

2日目のおさらい

問　題

 Q1 現在、最もよく使用されている有線LANの規格を選択してください。

A. IEEE802.11　　　B. IEEE802.3

C. IEEE802.5　　　D. IEEE802

Q2 MACアドレスの長さを選択してください。

A. 24ビット　　B. 32ビット　　C. 48ビット　　D. 64ビット

Q3 イーサネットのブロードキャストMACアドレスを記述してください。

Q4 イーサネットフレームのヘッダに含まれるフィールドをすべて選択してください。

A. 送信元MACアドレス　　　B. FCS

C. 宛先MACアドレス　　　D. 宛先IPアドレス

E. 送信元IPアドレス　　　F. タイプ

Q5

MACアドレスを基にしてデータの転送処理を行う機器を選択してください。

A. ハブ　　　B. ルータ　　　C. モデム　　　D. スイッチ

Q6

データの送信と受信を同時に行う通信の名称を記述してください。

Q7

スイッチがフレームを転送するときの動作として正しい説明を選択してください。(2つ選択)

A. 受信したフレームの送信元MACアドレスをMACアドレステーブルに学習する
B. 受信したフレームの送信元MACアドレスを基にMACアドレステーブルを検索する
C. 受信したフレームの宛先MACアドレスをMACアドレステーブルに学習する
D. 受信したフレームの宛先MACアドレスを基にMACアドレステーブルを検索する

Q8

受信ポートを除く、すべてのポートからフレームを送出する動作を選択してください。

A. コリジョン　　　　　　B. ブロードキャスト
C. フラッディング　　　　D. フォワーディング

解 答

A1 B

現在、ケーブルを使用した有線LANはイーサネットの技術を使用しています。イーサネットは、**IEEE802.3**の規格で定義されています。

➡ P.64

A2 C

MACアドレスは**48ビット**で、OUI（24ビット）とシリアル番号（24ビット）で構成されます。

➡ P.66

A3 FFFF.FFFF.FFFF

同じネットワーク上の全員宛てにデータを送るときの通信をブロードキャストといいます。イーサネットのブロードキャストMACアドレスは、48ビットをすべて1にした**FFFF.FFFF.FFFF**（16進数）です。

➡ P.68

A4 A、C、F

一般的なイーサネットフレームは、次のとおりです。

➡ P.71

2 日目

A5　D

スイッチは受信データのMACアドレスを基にして転送処理を行う集線装置です。なお、ハブ（リピータハブ）も集線装置ですが、受信したデータを単に電気信号として扱います。スイッチのようにフレームとしてMACアドレスを認識して処理することはできません。

ルータは、異なるネットワークを相互に接続する機器です（「3日目」で学習します）。モデムは、アナログ信号とデジタル信号を相互に変換する機器です。

→ P.72

A6　全二重通信

データの送信と受信を同時に行うことを**全二重通信**といいます。反対に、データの送信と受信を同時に行うことができないため切り替えて通信することを半二重通信といいます。スイッチは、全二重通信で接続したノードと効率よくデータをやりとりすることができます。

→ P.74

A7　A、D

スイッチは受信したフレームの**送信元MACアドレス**とポートを関連付けてMACアドレステーブルに学習します（**A**）。そして、**宛先MACアドレス**を基にMACアドレステーブルを検索し、該当したポートにのみフレームを転送します（**D**）。

→ P.75

A8 C

スイッチは、受信フレームの宛先MACアドレスがMACアドレステーブルに学習されていないとき、受信したポート以外のすべてのポートからフレームを送出します。この動作を**フラッディング**といいます。

➡ P.76

3日目

3日目に学習すること

1 インターネット層の役割

ルーティングと代表的なプロトコルについて説明します。

2 IPアドレス

TCP/IPの基本であるIPアドレスの仕組みを理解しましょう。

3 ネットワーク機器（ルータ）

インターネット層で動作するルータの機能を学びます。

1 インターネット層の役割

☐ ルーティング
☐ IP
☐ ICMP

1-1 インターネット層の役割

POINT!

・インターネット層の主なプロトコルはIPとICMP
・IPアドレスを使用して離れたネットワークの相手との通信を可能にする
・ルーティングとはパケットの次の転送先を決定すること

■ ネットワークを相互に接続

「2日目」で学習したリンク層は、物理アドレス（MACアドレス）を使用して、同じネットワーク内の隣接するノードと効率よく通信する仕組みを提供します。しかし、複数のネットワークが相互に接続された環境では、離れたネットワークのノード宛てにデータを届ける必要もあります。

インターネット層は、複数のネットワークを相互に接続し、論理アドレス（IPアドレス）を使用して、異なるネットワーク上のノードと通信するための仕組みを提供します。

インターネット層で動作し、複数のネットワークを相互に接続する機器がルータです。インターネット層では、転送データにこのあと説明するIPヘッダを付け

てパケットとして扱います。ルータがパケットを転送する際には、IPヘッダ内の宛先IPアドレスを読み取り、次のネットワークのルータへ転送します。この動作を**ルーティング**といいます。

● ルーティング

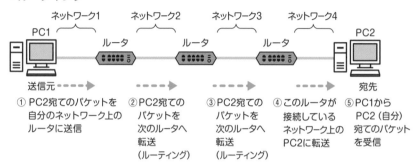

図のように、パケットが送信元から最終の宛先（端から端）まで届けられることを**エンドツーエンドの通信**といいます。各ルータが、宛先方向にある次のルータにパケットの転送（ルーティング）を繰り返すことで、エンドツーエンドの通信が行われます。

---

c o l u m n

インターネット層の"インターネット"とは

みなさんが日常で使う"インターネット"といえば、世界中のコンピュータがつながる公衆ネットワークを指していることでしょう。

しかし、TCP/IPプロトコルのインターネット層の名前である"インターネット"は、複数のネットワークを相互に接続した環境を指す「インターネットワーク」を縮めたものです。これを知っていると、インターネット層の役割がイメージしやすくなるのではないでしょうか。

1-2 IP

POINT!

・IPはインターネット層で中心的な役割を果たすプロトコル
・IPv4とIPv6の2つのバージョンがある
・IPヘッダには生存時間 (TTL) が含まれる

IP (Internet Protocol) は、インターネット層で中心的な役割を果たすプロトコルです。

現在はIPv4 (IPバージョン4) とIPv6 (IPバージョン6) の2つのバージョンがあります。ここではIPv4について説明します。

現在、一般的に使用されているのはIPv4です。単にIPと表記されているときはIPv4を指していると考えましょう (IPv6については「5日目」で説明します)。

■ IPヘッダ

ネットワーク間でデータを転送するためには、データにIPヘッダを付けてIPパケットを構成します。インターネット層のプロトコルであるIPを利用してやりとりされるデータをIPパケットといい、IPパケットに付けられるヘッダをIPヘッダといいます。IPヘッダの中にはたくさんのフィールド(領域)があります。

次の図で詳しく見てみましょう。

● IPヘッダ

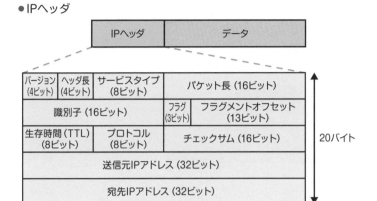

・バージョン …………………… バージョン番号。IPv4では4
・ヘッダ長 …………………… IPヘッダの長さ
・サービスタイプ …………… Type of Serviceの略でTOSとも呼ばれ、
　　　　　　　　　　　　　　　パケットの優先度を指定するために使用
・パケット長 ………………… IPパケット全体 (IPヘッダ+データ) の長さ
・識別子 ……………………… 分割された複数のパケットで同じ値を持ち、
　　　　　　　　　　　　　　　1つのデータとして構成するために使用
・フラグ ……………………… 大きなデータを複数のパケットに分けて転送する際、
　　　　　　　　　　　　　　　データを分割しているかどうか示すために使用
・フラグメントオフセット …… 分割された何番目のパケットなのか示すために使用
・生存時間 (TTL) …………… パケットの生存時間
・プロトコル ………………… 上位 (トランスポート層) のプロトコルを識別するための番号
・チェックサム ……………… ヘッダ部のエラーを検査する値

● IPパケットの生存時間

　IPヘッダ内にある生存時間フィールドは、**TTL (Time To Live)** とも呼ばれます。ネットワークにトラブルが発生すると、パケットが同じ経路をクルクルと回り続けてしまう可能性があります (この動作をルーティングループといいます)。パケットが宛先にいつまでも到着できないと、ネットワークが混雑してしまいます。

　そこで、パケットの生存時間をTTLの値で指定します。ルータは受信したパケットのTTL値を1つ減らしてから転送します。ルータを通過するたびにTTL値は減っていき、最終的に0になった時点でパケットを破棄することで、

ルーティングループを回避することができます。

● パケット転送とTTL

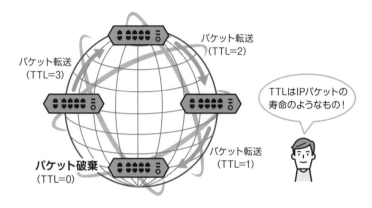

なお、TTLには最大255までの値を設定して送信できます。TTLの初期値はOSによって異なり、たとえばWindowsでは、初期値は128となっています。

1-3 ICMP

POINT!

・IPの補佐的な役割を担い、データ転送のエラー通知などを返す
・エコー要求メッセージとエコー応答メッセージのペアで疎通確認を行う

　IPは、エンドツーエンドの通信を提供しますが、実は、転送したパケットが宛先まで到着したかを確認する機能はありません。送り出したデータを届けるために最大限の努力はしますが、保証はしないのです。このような通信形態のことを**ベストエフォート**といいます。

　IPの通信はベストエフォートのため、インターネット層にはICMPという補佐役のプロトコルがあります。**ICMP** (Internet Control Message Protocol) は、IP通信におけるデータ転送のエラー通知や制御メッセージの通知などに使用されます。

　ICMPの通知メッセージ（ICMPメッセージ）は、IPパケットのデータ部分に該当します。

● ICMPメッセージ

※ IPヘッダ内のプロトコルフィールドにICMP「1」をセット。
　 データはICMPメッセージであると判断される

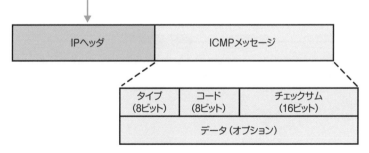

・タイプ …………… メッセージの種別
・コード …………… メッセージの詳細
・チェックサム …… エラーを検査するための値
・データ …………… タイプとコードの組み合わせによって異なる

ICMPメッセージのタイプには、次のような種類があります。

● ICMPメッセージのタイプ

タイプ	内容
0	エコー応答 (Echo Reply)
3	宛先到達不能 (Destination Unreachable)
8	エコー要求 (Echo)
11	時間超過 (Time Exceeded)

では、具体的にICMPメッセージの例を見てみましょう。

● ICMPメッセージの例1：宛先のホストが動作していない

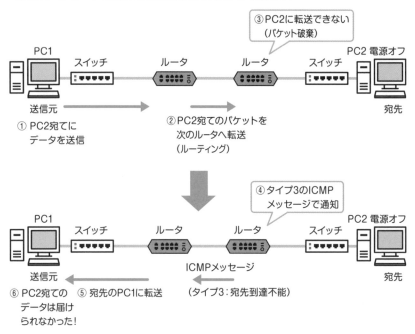

例1では、データの宛先となるPC2の電源がオフになっています。そのため、PC2のネットワークを接続しているルータのところでパケットは破棄されます。このとき、ルータはICMPメッセージを自動的に生成して、データの送信元であるPC1にエラーを通知します。

● ICMPメッセージの例2: 宛先のホストと通信できるかどうか確認

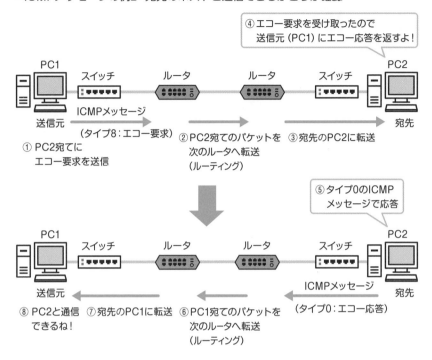

④ エコー要求を受け取ったので
送信元 (PC1) にエコー応答を返すよ!

PC1　スイッチ　ルータ　ルータ　スイッチ　PC2

送信元　ICMPメッセージ　　　　　　　　　　　　　　　宛先
（タイプ8：エコー要求）

① PC2宛てに　　②PC2宛てのパケットを　③宛先のPC2に転送
エコー要求を送信　　次のルータへ転送
（ルーティング）

⑤ タイプ0のICMP
メッセージで応答

PC1　スイッチ　ルータ　ルータ　スイッチ　PC2

送信元　　　　　　　　　　　　　　ICMPメッセージ　宛先

⑧ PC2と通信　⑦宛先のPC1に転送　⑥PC1宛てのパケットを　（タイプ0：エコー応答）
できるね!　　　　　　　　次のルータへ転送
（ルーティング）

3日　**1 インターネット層の役割**

　例2のように、ICMPメッセージのエコー要求とエコー応答はペアで使われることが多いです。ICMPエコー要求を受け取った宛先は、送信元に対してエコー応答メッセージを送り返すルールになっています。

　ICMP要求／応答メッセージを利用すると、実際のデータを送る前にエンドツーエンドの通信が可能かどうかを調べることができます。これは、ネットワーク診断ツールのpingコマンドとして最もよく使用されています（pingについては「5日目」で詳しく解説します）。

　IPパケットの生存時間のところで説明しましたが、ルータはパケットを転送する際に、IPヘッダ内のTTL値を1つ減らし、0になって破棄したときに、タイプ11の時間超過（Time Exceeded）メッセージを生成して送信元に通知します。

2 IPアドレス

☐ IPアドレス
☐ サブネット化

2-1 IPアドレス

POINT!

・32ビットのIPアドレスは8ビットずつ区切り10進数で表記する
・IPアドレスにはネットワーク部とホスト部がある
・ユニキャスト用のIPアドレスはクラスA・B・Cに分かれている
・サブネット化（ネットワークを小さく分割）すると通信効率がよくなる

■ IPアドレスとは

　TCP/IPの通信では、IPアドレスを基にしてパケットの転送を行うため、IPヘッダには必ず送信元IPアドレスと宛先IPアドレスを指定しなくてはなりません。

　IPアドレスは、コンピュータを特定するための住所のような番号です。IPアドレスは、MACアドレスのように機器を製造するベンダが決めた物理的なアドレスではなく、ネットワークの管理者が状況に応じて自由に割り当てることができる論理的なアドレスです。ただし、ネットワーク上に同じIPアドレスを持つホストが複数存在すると、データを正しく届けることはできません。ネットワーク管理者は、組織のネットワーク上でIPアドレスが重複しないように割り当てる必要があります。

● IPアドレスの表記

IPv4では、32ビットのアドレスを個々のホストに割り当てます。0と1が32個並んだ表記は人間には扱いにくいので、8ビットずつドット(.)で区切り、それぞれを10進数に変換して表記します。

8ビットに区切ったひとかたまりを**オクテット**と呼びます。8ビットを10進数にしたときの範囲は0〜255です。

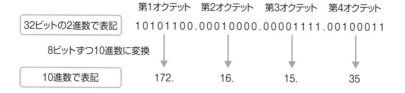

	第1オクテット	第2オクテット	第3オクテット	第4オクテット
32ビットの2進数で表記	10101100.	00010000.	00001111.	00100011
10進数で表記	172.	16.	15.	35

8ビットずつ10進数に変換

> **重要**
>
> 最大のIPアドレスは「255.255.255.255」です。もし、オクテットの1つに256以上の数値があれば、それは間違ったアドレスなので注意しましょう。

● IPアドレスの構成要素

32ビットのIPアドレスは、**ネットワーク部**と**ホスト部**で構成されます。ここでいうホストとは、TCP/IPのネットワークで通信を行うコンピュータやネットワーク機器を指しています。

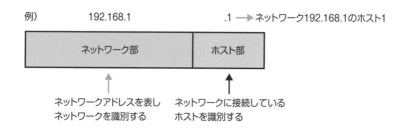

例)　　　192.168.1　　　　　　　　　　.1 → ネットワーク192.168.1のホスト1

ネットワーク部	ホスト部

ネットワークアドレスを表し
ネットワークを識別する

ネットワークに接続している
ホストを識別する

■ アドレスクラス

　初期のTCP/IPでは、ネットワーク部とホスト部の境界は、アドレスクラスによって固定されていました。

　アドレスクラスは、AからEの5つのクラスに分かれています。

- ・クラスA: ネットワーク部8ビット、ホスト部24ビット
- ・クラスB: ネットワーク部16ビット、ホスト部16ビット
- ・クラスC: ネットワーク部24ビット、ホスト部8ビット
- ・クラスD: マルチキャスト用のアドレス
- ・クラスE: 予約されたアドレス（実際には使用されません）

　5つのうち、クラスA～Cがホストに割り当てることができるユニキャストのアドレスです。この範囲のアドレスには、ネットワーク部とホスト部が定義されます。クラスDはグループ宛ての通信で使用されるマルチキャストのアドレスのため、ホストに割り当てることはできません。

　では、クラスA～Dのアドレスについて詳しく説明します。

● クラスAアドレス

　クラスAは、第1オクテットが1～126の範囲のアドレスです。第1オクテットはネットワーク部、第2～第4オクテットはホスト部と定義されています。

　ホスト部が24ビットあるため、1つのクラスAネットワーク上で使用可能なホストアドレスは約1,600万もあり、非常に大規模なネットワークに適しています。

● クラスAの範囲 (1.0.0.0〜126.255.255.255)

| | ネットワーク部 | ホスト部 | | |
	第1オクテット	第2オクテット	第3オクテット	第4オクテット
2進数	00000001	00000000	00000000	00000000
10進数	1	0	0	0
	〜	〜	〜	〜
2進数	01111110	11111111	11111111	11111111
10進数	126	255	255	255

※クラスAアドレスを2進数にすると、第1オクテットの上位1ビットは必ず0になります。
※第1オクテットが127のアドレスについては、104ページのコラムを参照してください。

● クラスBアドレス

クラスBは、第1オクテットが128〜191の範囲のアドレスです。第1〜第2オクテットはネットワーク部、第3〜第4オクテットはホスト部と定義されています。

● クラスBの範囲 (128.0.0.0〜191.255.255.255)

| | ネットワーク部 | ホスト部 | | |
	第1オクテット	第2オクテット	第3オクテット	第4オクテット
2進数	10000000	00000000	00000000	00000000
10進数	128	0	0	0
	〜	〜	〜	〜
2進数	10111111	11111111	11111111	11111111
10進数	191	255	255	255

※クラスBアドレスを2進数にすると、第1オクテットの上位2ビットは必ず10になります。

● クラスCアドレス

クラスCは、第1オクテットが192〜223の範囲のアドレスです。第1〜第3オクテットはネットワーク部、第4オクテットはホスト部と定義されています。

● クラスCの範囲 (192.0.0.0〜223.255.255.255)

	ネットワーク部			ホスト部
	第1オクテット	第2オクテット	第3オクテット	第4オクテット
2進数	**110**00000	00000000	00000000	00000000
10進数	192	0	0	0
	〜	〜	〜	〜
2進数	**110**11111	11111111	11111111	11111111
10進数	223	255	255	255

※クラスCアドレスを2進数にすると、第1オクテットの上位3ビットは必ず110になります。

● クラスDアドレス

クラスDは、**第1オクテットが224〜239の範囲のアドレス**です。マルチキャストは、データを1つだけ生成し、特定のグループに参加しているホストに対して、同じデータを効率的に送ることができる通信です。クラスDのアドレスは、マルチキャストの通信で使用されます。上位4ビットは1110で固定され、残り28ビットはマルチキャストグループを識別します。

● クラスDの範囲 (224.0.0.0〜239.255.255.255)

	固定	マルチキャストグループID			
	第1オクテット		第2オクテット	第3オクテット	第4オクテット
2進数	**1110**	0000	00000000	00000000	00000000
10進数	224		0	0	0
	〜		〜	〜	〜
2進数	**1110**	1111	11111111	11111111	11111111
10進数	239		255	255	255

※ クラスDアドレスを2進数にすると、第1オクテットの上位4ビットは必ず1110になります。

ここまで、クラスA～Dのアドレスについて学びました。IPアドレスがどのクラスに該当するかは、第1オクテットの数値で次のように判断します。

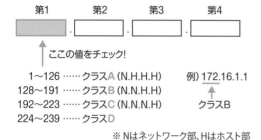

1～126 ……クラス**A**（N.H.H.H）
128～191 ……クラス**B**（N.N.H.H）
192～223 ……クラス**C**（N.N.N.H）
224～239 ……クラス**D**

※ Nはネットワーク部、Hはホスト部

例）172.16.1.1

クラスB

> アドレスクラスはIPアドレスのしくみを理解するうえでとても重要です。しっかり覚えておきましょう。

■ ネットワークアドレスとブロードキャストアドレス

　IPアドレスのホスト部には、2つの特別なアドレスがあります。
　2進数にしたとき、ホスト部をすべて「0」にしたアドレスは、そのネットワーク自体を示す**ネットワークアドレス**として予約されています。
　また、ホスト部をすべて「1」にしたアドレスは、そのネットワークのすべてのホスト宛に送信する**ブロードキャストアドレス**として予約されています。
　この2つのアドレスは、ホストアドレスとして割り当てることはできません。

　たとえば、IPアドレス192.168.1.1で確認してみましょう。

● ネットワークアドレスとブロードキャストアドレスの例

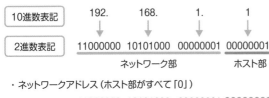

・ネットワークアドレス（ホスト部がすべて「0」）

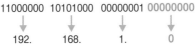

・ブロードキャストアドレス（ホスト部がすべて「1」）

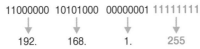

・ホストアドレスの範囲

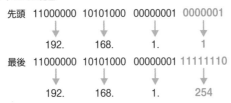

　192.168.1.1はクラスCのアドレスなので、ホスト部は第4オクテットの
みです。したがって、第4オクテットを0にした「192.168.1.0」がネット
ワークアドレスになります。そして、第4オクテットを255（10進数）にした
「192.168.1.255」がブロードキャストアドレスになります。

　なお、この例で示したとおり、ホストアドレスの先頭は「ネットワークアドレス＋
1」、最後は「ブロードキャストアドレス－1」になると覚えておきましょう。ネッ
トワークアドレスとブロードキャストアドレスを先に確認すると、ホストアドレ
スの範囲は簡単に算出できますね。

　ホストアドレスの数は、次の式で求めることができます。

> **ホストアドレス数 ＝ 2^h-2**　　　（^{h}はホスト部のビット数）
> ※ネットワークアドレスとブロードキャストアドレスの2つを除く

各クラスの最大ホスト数は、次のとおりです。

各クラスの最大ホスト数

クラス	ホスト部のビット数	最大ホスト数
A	24	16,777,214
B	16	65,534
C	8	254

■ ブロードキャストアドレスの種類

IPブロードキャストアドレスには、次の2種類あります。

● リミテッドブロードキャストアドレス

IPアドレスの32ビットをすべて1にした255.255.255.255のアドレスです。

リミテッドブロードキャストは、**自分が所属している**ネットワーク上のすべてのホストに対して通信を行う場合の宛先アドレスとして使用されます。

ルータは、リミテッドブロードキャストアドレスを宛先にしたパケットをほかのネットワークへ転送しません。これによって、ネットワーク全体がブロードキャストパケットで混雑してしまうのを防いでいます。

● リミテッドブロードキャスト

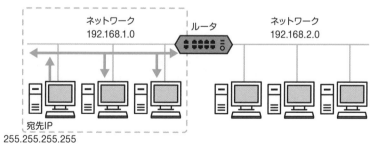

● ダイレクトブロードキャストアドレス

IPアドレスの**ホスト部をすべて1にしたアドレス**です。

ダイレクトブロードキャストは、**自分が所属していないネットワーク上の**すべてのホストに対するブロードキャストとして使用されます。

●ダイレクトブロードキャスト

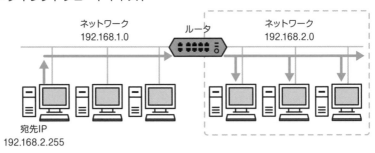

ルータは、ダイレクトブロードキャスト宛のパケットを転送することはできますが、多くの場合、宛先のネットワークに大きな負荷を与える可能性があるなどの理由から、転送しないように設定されています。

一般的に使用されているのはリミテッドブロードキャスト（255.255.255.255）であり、単にブロードキャストアドレスと呼ばれています。

---

c　o　l　u　m　n

ループバックアドレス

ここで取り上げなかったIPアドレスにループバックアドレスがあります。ループバックアドレスは、IPアドレスの第1オクテットが127のアドレスです。範囲としては**127.0.0.0〜127.255.255.255**になりますが、一般的に「127.0.0.1」が使われます。

これは、その**コンピュータ自身**を表す特別なアドレスで、TCP/IPで通信を行うコンピュータには必ず割り当てられています。自分自身で動作しているサービスへアクセスしたり、サーバマシンの検証などで使用されます。

クラスフルアドレスの問題

　ユニキャストIPアドレスは、アドレスクラスによってネットワーク部とホスト部が固定的に区切られることを説明しました。クラスに基づいたアドレスのことを、**クラスフルアドレス**と呼びます。

　ホスト部のビット数は、ネットワークごとに割り当てられるホストアドレス数と関係しています。クラスAは16,777,214、クラスBは65,534、クラスCは254になります。しかし、このようなIPアドレスの割り当てには問題が生じました。ほとんどのネットワークにとってクラスAは大きすぎて、多くのアドレスが無駄になってしまうのです。しかし、クラスCでは少ないので、クラスBが多く割り当てられることになります。

　このように、クラスに応じてIPアドレスを割り当てると、多くのIPアドレスが無駄に消費されることになります。そこで、クラスによるネットワーク部とホスト部を固定せずに、ネットワーク管理者が状況に応じて柔軟に変えられるようにしようということになりました。このような、クラスを無視したアドレスは、**クラスレスアドレス**と呼ばれています。現在、インターネット接続を行うISP（プロバイダ）はクラスレスなアドレスをユーザに割り当てています。

　以下に、IPアドレスについてここまでに学んだことをまとめておきます。

 重要

- 32ビットのアドレスで、8ビットずつドットで区切り10進数で表記される
- ネットワーク部とホスト部で構成される
- クラスAは1〜126で始まり、第1オクテットがネットワーク部
- クラスBは128〜191で始まり、第1〜2オクテットがネットワーク部
- クラスCは192〜223で始まり、第1〜3オクテットがネットワーク部
- クラスDは224〜239で始まり、マルチキャスト通信で使用
- ネットワークアドレスは、ホスト部がすべて0
- ダイレクトブロードキャストアドレスは、ホスト部がすべて1
- リミテッドブロードキャストアドレスは、255.255.255.255
- ホストアドレスの範囲は「ネットワークアドレス+1〜ブロードキャストアドレス-1」
- ホストアドレスの数は、2^h-2で求めることができる

2-2 サブネット化

POINT!

- ・1つのネットワークを複数のネットワークに分割することをサブネット化という
- ・サブネット化はホスト部からビットを借りてサブネット部を表現する
- ・ホスト部とネットワーク部の境界はサブネットマスクという値で識別する

■ サブネット化のしくみ

前節では、各クラスのネットワークで使用できる最大ホストアドレス数について説明しました。1つのネットワークには、多くのホストを接続することが可能です。しかし、イーサネットのネットワークでは、さまざまな目的でブロードキャストが頻繁に送信されます。1つのネットワークにたくさんのホストを接続すると、ブロードキャストが多発し、ネットワーク上に流れるトラフィック量が増加します。ホストにとっても、頻繁にブロードキャストを受信して処理するため負荷が大きくなります。

ブロードキャストが届く範囲のことを**ブロードキャストドメイン**といいます。ブロードキャストドメインが広範囲だと通信の効率が悪くなるので、この範囲を小さくすることでブロードキャストのトラフィック量を抑えて、ネットワーク全体の効率化が図れます。

そこで用いられるのが、**サブネット化**（またはサブネッティング）というしくみです。サブネット化することで、大きなネットワークを適切なサイズに分割して運用できるようになります。

● サブネット化

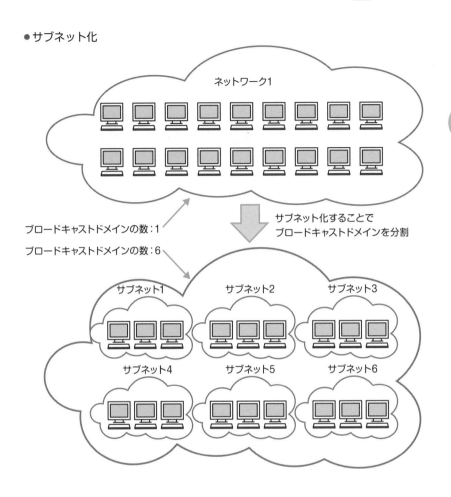

サブネット部

IPアドレスには、ネットワークを識別するためのネットワーク部、ホストを識別するためのホスト部がありますが、1つのネットワークをサブネットに分割するには、IPアドレスにサブネットを識別するための**サブネット部**が必要となります。しかし、IPアドレスは32ビットの固定長であり、割り当てられたネットワーク部は変更できません。そこで、**ホスト部から任意のビット長を借りる**ことでサブネッ

ト部を表現できるようにします。

例として、ネットワーク172.16.0.0で確認してみましょう。

10101100. 00010000. 00000000. 00000000
１７２． １６． ０． ０
ネットワーク部　　　ホスト部
サブネット化
（ホスト部から上位8ビット借用）

10101100. 00010000.**00000000**.00000000
１７２． １６． ０． ０
ネットワーク部　サブネット部　ホスト部

この例では、ホスト部の16ビットから上位の8ビットを借りてサブネット部にしています。その結果、第3オクテット0〜255の範囲でサブネットアドレス（サブネットのネットワークアドレス）を表現できます。

最初のサブネットアドレス………１７２．１６．**０**．０
サブネット部 (00000000)

2番目のサブネットアドレス……１７２．１６．**１**．０
サブネット部 (00000001)

3番目のサブネットアドレス……１７２．１６．**２**．０
サブネット部 (00000010)

最後のサブネットアドレス………１７２．１６．**２５５**．０
（256番目）　　　　　　　　　サブネット部 (11111111)

管理者は、ネットワークを設計する際に、必要なサブネットの数を基にしてホスト部から借用するビット数を決定します。サブネット数は次の計算で求めることができます。

サブネット数 = 2^s （^{s}はホスト部から借用したビット数）

なお、借用するビット数が多いほどサブネットの数は増加しますが、反対にホスト部のビット数が減少するため、1つのサブネットで使用できるホストアドレスの数は少なくなってしまうことを念頭に置いてサブネット化の計画を立てる必要があります。

サブネットマスク

　では、前記の例に挙げた「172.16.0.0」という最初のサブネットアドレスを見て、ホスト部から何ビット借りてサブネット化しているかをどのように判断すればいいのでしょうか。そこで必要になるのが、**サブネットマスク**と呼ばれる値です。

　サブネットマスクはIPアドレスと同じ32ビットの数値です。IPアドレスのネットワーク部（サブネット部を含む）は「1」、ホスト部は「0」で示します。サブネットマスクには必ず1と0の境界があります。この1と0の境界によってネットワークアドレスを求め、何ビットがサブネット化されているかを判断できるようにしています。

　クラスで定義された（サブネット化する前の）サブネットマスクは、次のとおりです。

・クラスA………… 255.0.0.0 　　 (11111111.00000000.00000000.00000000)

　　　　　　　　　　　←→　ネットワーク部　←───→　ホスト部

・クラスB………… 255.255.0.0 　 (11111111.11111111.00000000.00000000)

　　　　　　　　　　　←───→　ネットワーク部　←───→　ホスト部

・クラスC………… 255.255.255.0 (11111111.11111111.11111111.00000000)

　　　　　　　　　　　←──────→　ネットワーク部　←→　ホスト部

ナチュラルマスク
クラスで定義されたサブネットマスクは、ナチュラルマスクとも呼ばれています。たとえば、クラスAのナチュラルマスクは「255.0.0.0」です。

　サブネット化する前のサブネットマスクと、サブネット化した場合のサブネットマスクを比べてみましょう。ネットワークアドレスは同じですが、サブネットマスクを見るとネットワーク部とホスト部の境界がわかります。

● サブネットマスクの例

サブネット化なし（クラスフルアドレス）の場合

ネットワークアドレス……172.16.0.0

サブネットマスク ………255.255.0.0

> ネットワーク部　ホスト部
> 16ビット　　　16ビット

8ビットサブネット化した場合

ネットワークアドレス……172.16.0.0

サブネットマスク ………255.255.255.0

> ネットワーク部　ホスト部
> 24ビット　　　8ビット

　同じネットワーク「172.16.0.0」のIPアドレスでも、サブネットマスクを見るとネットワークを識別できます。一般的に、IPアドレスはサブネットマスクとペアで表記します。

参考 ネットワークアドレスとサブネットアドレスは同じ意味になりますが、サブネットアドレスには「サブネット化されたネットワークアドレス」という意味が込められています。

■ プレフィックス表記

　IPアドレスのネットワーク部を示す部分をプレフィックス（Prefix）といい、ネットワーク部の長さのことをプレフィックス長といいます。簡単に言うと、ネットワーク部のビット数（桁数）です。「192.168.1.0/24」のように、プレフィックスを「/（スラッシュ）」に続けて示すことで、IPアドレスとサブネットマスクを同時に表現する方式をプレフィックス表記といいます。例を見てみましょう。

192.168.1.0 255.255.255.0
　　　　　　　↑
　　　　サブネットマスク

192.168.1.0/24
　　　　　　↑
　　　プレフィックス

　上記はどちらも、「先頭から24ビット目までがネットワークの部分」ということを示しています。サブネットマスクよりもプレフィックス表記の方がシンプルで

簡単に表現できますね。

■ オクテット内でのサブネット化

ここまで、オクテット単位でサブネット化した例を見てきましたが、サブネット化の計画を立てるとき、ネットワーク部とホスト部の境界がオクテットの途中になることがあります。

次の例では、192.168.1.0/24アドレスのホスト部8ビットから3ビットを借りてサブネット化しています。このとき、サブネットマスクは255.255.255.224となり、第4オクテットの途中でネットワーク部とホスト部が分かれます。

最初のサブネットアドレス ………192.168.1.**0**/27
            (**000**00000)
            サブネット部　ホスト部

2番目のサブネットアドレス ……192.168.1.**32**/27
            (**001**00000)
            サブネット部　ホスト部

3番目のサブネットアドレス ……192.168.1.**64**/27
            (**010**00000)
            サブネット部　ホスト部

4番目のサブネットアドレス ……192.168.1.**96**/27
            (**011**00000)
            サブネット部　ホスト部

8番目のサブネットアドレス ……192.168.1.**224**/27
（最後）　　　　　　　　　　　　(**111**00000)
            サブネット部　ホスト部

192.168.1.32/27のように、ネットワーク部とホスト部の境界がオクテットの途中になると、ホストアドレスと見分けづらくなります。IPアドレスの隣にあるプレフィックス長（サブネットマスク）に注目し、区別できるようにしておきましょう。

3 ネットワーク機器（ルータ）

- ☐ ルーティング
- ☐ ルーティングテーブル
- ☐ ルーティングプロトコル
- ☐ ブロードキャストドメイン

3-1 ルーティング

POINT!

- ・ルータはネットワークをつないでパケットを最適ルートへ転送する機器
- ・ルーティングテーブルを参照して転送先を決定する
- ・コンピュータは外部ネットワークと通信するためにデフォルトゲートウェイが必要

■ ルータの機能

　ルータは、異なるネットワークを相互に接続し、パケットを最適なルートへ転送します。また、ネットワーク上のコンピュータをインターネットへアクセスできるようにします。

　ルータは、このような通信を実現するためにルーティングを行うレイヤ3（ネットワーク層）で動作する機器です。

●ルータ

　ルータの特徴のひとつに、さまざまな種類のインターフェイスを持つことが挙げられます。スイッチには基本的に、イーサネットLANを構築するためのイーサネットインターフェイスしかありません。Ciscoのルータでパケットの転送に使用されるインターフェイスには、イーサネットインターフェイスやシリアルインターフェイスがあります。シリアルインターフェイスは、WAN接続で使用されるインターフェイスです※1。ルータは、LANにもWANにも対応し、さまざまな種類のネットワークを相互に接続できる機器です。

インターフェイスとポート

用語　インターフェイスとポートは「接続部分」という意味を持ち、どちらも同じ場所を指しています。明確に決められてはいませんが、ネットワークを分離し中継機器の役割を持つルータの接続部分は「インターフェイス」（境界という意味を持つ）、集線装置としての役割を持つスイッチの接続部分は「ケーブルを差し込む口」として「ポート」と、呼び方を使い分けるのが一般的です。

■ ルーティング

　パケットを宛先へ届けるために最適なルートを選択して転送する処理を**ルーティング**といいます。ルータは、**ルーティングテーブル**というネットワークのルート情報を参照してルーティングを行います。

　ルーティングテーブルには、パケットを次にどこへ転送すべきかを決定するためのルート情報が登録されています。ルート情報には、パケットが宛先のネットワークへ向かうために経由する隣接ルータのIPアドレス、そのパケットを送出する際の出力インターフェイスなどが含まれます。

　ルータは、受信したパケットの宛先IPアドレスを基にしてルーティングテーブルを参照し、該当するルートを決定します。そして、そのルートに登録された隣接ルータへパケットを転送します。宛先のネットワークへ経由する隣接ルータのことを**ネクストホップ**といいます。このようにして、各ルータでパケットは次々

※1　現在では、LANだけでなくWAN接続の際にもイーサネットインターフェイスが使用されています。

とルーティングされ、最終的に宛先へ届けられます。

● ルーティングの例

ルータ1のルーティングテーブル

ネットワーク	ネクストホップ	インターフェイス
172.16.1.0/24	直接接続	Fa0
172.16.12.0/24	直接接続	Fa1
172.16.13.0/24	直接接続	Fa2
172.16.3.0/24	172.16.13.3	Fa2

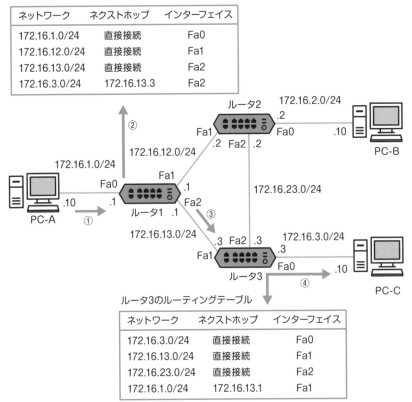

ルータ3のルーティングテーブル

ネットワーク	ネクストホップ	インターフェイス
172.16.3.0/24	直接接続	Fa0
172.16.13.0/24	直接接続	Fa1
172.16.23.0/24	直接接続	Fa2
172.16.1.0/24	172.16.13.1	Fa1

※ PCやルータのIPアドレスは、ホスト部のオクテットだけを表記しています。たとえば、PC-A
　の「.10」は「172.16.1.0/24」ネットワークのホスト「172.16.1.10/24」を示します。

※ ルータのインターフェイス「Fa0」や「Fa1」の「Fa」はFastEthernet※2、数字はポート番号を示
　します。

※2　FastEhternetは、通信速度が100Mbpsのイーサネット規格のことです。

図のルーティングの流れを見てみましょう。

① PC-AがPC-C (172.16.3.10) 宛てにデータを送信しました。

② ルータ1は受信したパケットの宛先IPアドレスを調べ、該当するエントリ (ルート情報) があるかどうか、ルーティングテーブルを検索します。宛先IPアドレス172.16.3.10は、ネットワーク172.16.3.0/24の範囲 (172.16.3.0〜172.16.3.255) に含まれています。

③ ルータ1は、Fa2インターフェイスからネクストホップ172.16.13.3へパケットを転送します。

④ ルータ3も同様に、受信パケットの宛先IPアドレスを調べ、ルーティングテーブルを検索します。該当するネットワーク172.16.3.0/24は、Fa0インターフェイスで直接接続しているため、ルータ3が宛先IPアドレス172.16.3.10 (PC-C) へパケットを届けます。

● ルーティングテーブルに該当するエントリが存在しない場合

先の例では、受信パケットの宛先IPアドレスに該当するエントリがルーティングテーブルに登録されていました。それでは、PC-AがPC-B (172.16.2.10) 宛てにデータを送信するとどうなるでしょうか?

ルータ1のルーティングテーブルには、172.16.2.10に該当するエントリが存在しません。パケットの宛先IPアドレスに該当するエントリが存在しない場合、ルータはどこに転送すべきか判断できないため、その**パケットを破棄**します。

ただし、ルータは破棄するだけではなく、パケットの送信元IPアドレスに対してICMPの宛先到達不能メッセージ (ICMPメッセージ タイプ3) で通知します。ICMPは、「1-3 ICMP」で説明したように、IP通信でエラーなどを通知するインターネット制御通知プロトコルです。

3
日目

3 ネットワーク機器 (ルータ)

試験にトライ！

Q ルータ1のFa1とルータ3のFa1がお互いに通信する必要があります。図を参照し、ルータ1のルーティングテーブルにルート情報を登録するために必要なパラメータ（設定に必要となる値）を選択しなさい。

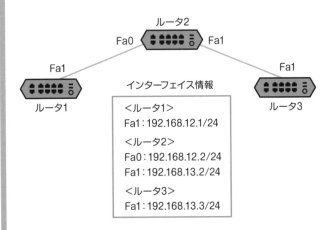

A.　192.168.12.0/24　ネクストホップ：192.168.12.2

B.　192.168.13.0/24　ネクストホップ：192.168.13.3

C.　192.168.13.3/24　ネクストホップ：192.168.13.2

D.　192.168.12.0/24　ネクストホップ：192.168.13.2

E.　192.168.13.0/24　ネクストホップ：192.168.12.2

. . . .

A 　ルータ1とルータ3がFa1インターフェイスのIPアドレスを使って相互に通信するためには、ルーティングテーブルに宛先IPアドレスに該当するエントリが存在しなければなりません。

　インターフェイス情報から読み取ると、ルータ1のルーティングテーブルには、ネットワーク192.168.13.0/24へのルート情報が必要で、ネクストホップは192.168.12.2（ルータ2のFa0）ということが確認できます。

　ネットワークアドレスは、ルータ3のFa1のIPアドレス192.168.13.3/24から求めます。プレフィックス長「/24」は、先頭から24ビットまでがネットワーク部であることを示しています。つまり、ホスト部は第4オクテットの8ビットです。ホスト部

のビットをすべて0にしたものがネットワークアドレスのため、192.168.13.0になります。

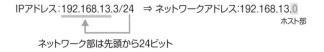

IPアドレス：192.168.13.3/24 ⇒ ネットワークアドレス：192.168.13.0

ホスト部

ネットワーク部は先頭から24ビット

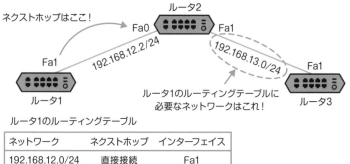

ネクストホップはここ！

ルータ2

Fa0　Fa1

192.168.12.2/24

192.168.13.0/24

Fa1

ルータ1

ルータ1のルーティングテーブルに
必要なネットワークはこれ！

ルータ3

ルータ1のルーティングテーブル

ネットワーク	ネクストホップ	インターフェイス
192.168.12.0/24	直接接続	Fa1

← ルータ3のFa1と通信するには
192.168.13.0/24への
ルート情報が必要！

正解　E

　なお、ルータ1とルータ3が相互に通信するには、ルータ3にもルータ1のネットワーク192.168.12.0/24へのルート情報が必要です。つまり、選択肢Dはルータ3に必要なパラメータになります。

■ レイヤ3スイッチ

　レイヤ3スイッチ（L3スイッチ）は、レイヤ2スイッチの機能とレイヤ3のルーティング機能を1台で高速に実現するネットワーク機器です。

　レイヤ3スイッチはイーサネットスイッチを拡張したものであり、イーサネットインターフェイスのみを備えています。ルータは、前述したように、イーサネットのほかにシリアルインターフェイスなどさまざまなWANサービスを接続できるインターフェイスと機能を備えています。

3
日目

3
ネットワーク機器（ルータ）

現在は、ルータにも高速転送技術が採用され、レイヤ3スイッチも多機能になっているため、両者の明確な違いは少なくなっています。一般的に、組織内におけるLANの構築にはレイヤ3スイッチを使用し、WANやインターネットなど外部ネットワークとの接続にルータが使用されています。

■ デフォルトゲートウェイ

ホストが別のネットワークに所属するホストと通信するには、ルータを中継する必要があります。まずは、自分が所属するネットワーク上のルータにパケットを渡し、そのルータから宛先に向かってパケットを転送してもらうわけです。この最初にパケットを渡すルータのIPアドレスを**デフォルトゲートウェイ**といいます。デフォルトゲートウェイは、外部のネットワークと通信するための「データの出入り口」になります。

● デフォルトゲートウェイ

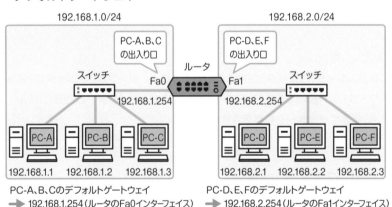

PC-A、B、Cのデフォルトゲートウェイ
➡ 192.168.1.254 (ルータのFa0インターフェイス)

PC-D、E、Fのデフォルトゲートウェイ
➡ 192.168.2.254 (ルータのFa1インターフェイス)

上の図では、ルータは2つのネットワークを接続しています。

たとえば、192.168.1.0/24ネットワークに所属するPC-Aが外部ネットワークと通信するとき、デフォルトゲートウェイである192.168.1.254 (ルータのFaO) に対応したMACアドレスを宛先にしたフレームを送出します (詳しくは「4日目」の「2-2　MACアドレスを調べるARP」で説明しています)。

c o l u m n

スイッチとルータの違い

レイヤ2で動作するスイッチは、イーサネットLANを構築し、受信フレームのMACアドレスを基にしてMACアドレステーブルを参照し、転送先を決定します。

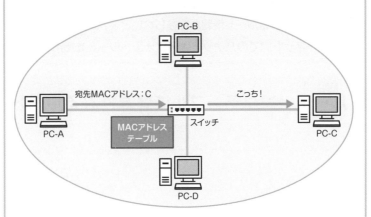

レイヤ3で動作するルータは、ネットワーク同士を接続し、受信パケットのIPアドレスを基にしてルーティングテーブルを参照し、転送先を決定します。

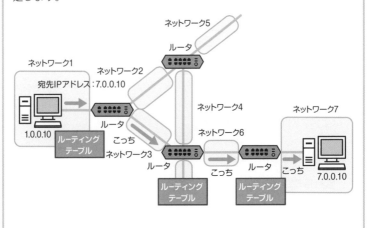

3-2 ルーティングテーブル

POINT!

- 直接接続ルートは自動的に登録される
- スタティックルートとダイナミックルートがある
- ルータは該当するルート情報が存在しないときパケットを破棄する
- インターネット宛てのパケットはデフォルトルートを使用する

■ ルーティングテーブルに登録されるルート

　ルーティングテーブルは、ルータの主要な役割であるルーティングを行うために重要なデータベースです。では、いったいどのようにしてルート情報は登録されるのでしょうか。

　ルーティングテーブルにルート情報を登録する手法には、次の3つがあります。

- 直接接続ルート ………… ルータにIPアドレスを設定すると自動的に登録される
- スタティックルート …… 管理者が手動でルート情報を設定する
- ダイナミックルート …… ルーティングプロトコルを利用して情報を交換し、自動でルート情報を登録する

それぞれを具体的に見ていきましょう。

● 直接接続ルート

　直接接続ルートは、ルータに接続しているネットワークのルート情報のことです。ルータのインターフェイスにIPアドレスを設定して、そのインターフェイスを有効にするだけで自動的にルーティングテーブルに登録されます。これによって、ルータに直接接続しているネットワーク間の通信が可能になります。

● 直接接続ルートの登録

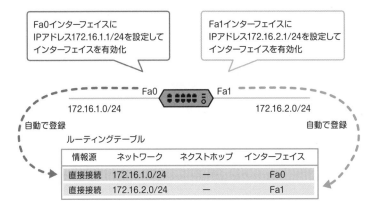

Fa0インターフェイスに
IPアドレス172.16.1.1/24を設定して
インターフェイスを有効化

Fa1インターフェイスに
IPアドレス172.16.2.1/24を設定して
インターフェイスを有効化

3 日目

3 ネットワーク機器（ルータ）

一方、ルータに直接接続されていないネットワーク（リモートネットワーク）のルート情報は、特別なことをしない限り、ルーティングテーブルに登録されません。ルータがリモートネットワークに対してルーティングを行うためには、リモートネットワークのルート情報を登録する必要があります。

● スタティックルート

スタティックルートは、管理者が手動で設定してルーティングテーブルに登録したルート情報です。管理者はネットワークの構成を基にして自分で最適なルートを選択し、ルータの設定に直接入力します。手動で登録したルート情報は、このあと説明するダイナミックルートのように他のルータと交換することがないので、ルータのCPUやネットワークの帯域を消費しません。設定自体も簡単で動作もシンプルです。ただし、特定のルートに障害が発生した場合でも、代替ルートに自動で切り替わることはありません。ネットワークトポロジの変化に応じて、管理者が手動で再設定する必要があります。

● スタティックルートの登録

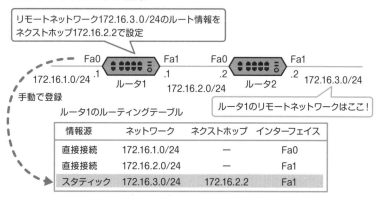

リモートネットワーク172.16.3.0/24のルート情報を
ネクストホップ172.16.2.2で設定

Fa0　Fa1　Fa0　Fa1
172.16.1.0/24 .1　ルータ1 .1　.2　ルータ2 .2　172.16.3.0/24
172.16.2.0/24

手動で登録

ルータ1のリモートネットワークはここ！

ルータ1のルーティングテーブル

情報源	ネットワーク	ネクストホップ	インターフェイス
直接接続	172.16.1.0/24	ー	Fa0
直接接続	172.16.2.0/24	ー	Fa1
スタティック	172.16.3.0/24	172.16.2.2	Fa1

　なお、上図のルータ1でネットワーク172.16.3.0/24のスタティック
ルートを設定しただけでは、172.16.1.0/24と172.16.3.0/24のネッ
トワーク同士で通信はできません。基本的に通信というのは双方向で行われ
ます。172.16.1.0/24ネットワーク上のホストから、172.16.3.0/24
ネットワーク上のホストへパケットが到着したら、戻りのパケットを転送す
るために、ルータ2でネットワーク172.16.1.0/24のスタティックルート
を設定しておく必要があります。

● 戻りのパケットを転送するためのルートも必要

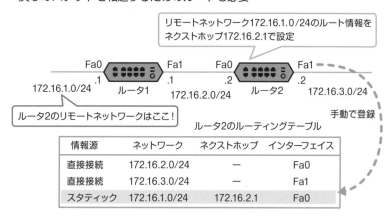

リモートネットワーク172.16.1.0/24のルート情報を
ネクストホップ172.16.2.1で設定

Fa0　Fa1　Fa0　Fa1
172.16.1.0/24 .1　ルータ1 .1　.2　ルータ2 .2　172.16.3.0/24
172.16.2.0/24

ルータ2のリモートネットワークはここ！

手動で登録

ルータ2のルーティングテーブル

情報源	ネットワーク	ネクストホップ	インターフェイス
直接接続	172.16.2.0/24	ー	Fa0
直接接続	172.16.3.0/24	ー	Fa1
スタティック	172.16.1.0/24	172.16.2.1	Fa0

　スタティックルートを使用したパケット転送を**スタティックルーティング**といいます。スタティックルーティングでは、ネットワーク上にあるすべてのルータで、各ルータからみたリモートネットワークのスタティックルートを設定しなければなりません。また、新しいネットワークを追加するたびに、管理者が手作業で各ルータに追加の設定を行う必要があります。スタティックルーティングは、小規模で単純なネットワークで使用するのが便利です。

● ダイナミックルート

　ダイナミックルートは、ルータにルーティングプロトコルを設定します。あとは、ルータ同士がルート情報を交換し、各ルータは最適ルートを選択して自動的にルーティングテーブルに登録します。また、リンク障害などでトポロジに変化があった場合には、変更情報をルータ間で通知し合ってルーティングテーブルを自動的に更新します。

　ルーティングプロトコルによって、自動的に登録・更新されるルート情報を使用したパケット転送を**ダイナミックルーティング**といいます。ルーティングテーブルの保守を自動的に行ってくれるので、管理者の負荷を大幅に削減することができます。ダイナミックルーティングは、複雑なネットワークや規模の大きなネットワークでは特に効果的です。ただし、スタティックルートに比べると、ルーティングプロトコルの処理を行うためにルータに負荷がかかります。また、ルート情報を交換するためにネットワークの帯域幅を消費します。さらに、当然のことですが、管理者にはルーティングプロトコルに関する専門的な知識が要求されます。

　このように、スタティックルーティングとダイナミックルーティングはそれぞれメリット、デメリットがあります。ネットワーク構成や運用・管理方針などに応じて、両方を組み合わせてルーティングすることも可能です。

3
日目

3 ネットワーク機器（ルータ）

●スタティックルーティングとダイナミックルーティングの比較

ルーティングの種類	メリット	デメリット
スタティックルーティング	・管理者が意図したルートをすばやく登録できる ・ルーティングプロトコルの知識が不要 ・意図しないルートが登録されない ・ルータやネットワークに負荷がかからない	・管理者に負荷がかかる ・トポロジに変更があっても自動的に更新できない ・拡張性が低い
ダイナミックルーティング	・ルート情報を自動的に登録してくれる ・トポロジに変更があると、自動的にルーティングテーブルを更新する ・管理者の負荷が少ない ・拡張性が高い	・ルーティングプロトコルの知識が必要 ・ルータやネットワークに負荷がかかる ・スタティックルートに比べるとセキュリティ上の心配がある ・不正確なルート情報や設定があると、意図しないルートが登録される可能性がある

用語

帯域幅

帯域幅（bandwidth）は、情報を電気信号や光信号で伝送するときに使用される周波数の範囲のことです。

周波数とは「ある時間に繰り返す波の数」です。データ（情報）は、この波に乗せて運ばれます。たとえば、1秒間に10回の波よりも1秒間に100回の波の方が10倍多いデータを運ぶことができます。そこで、帯域幅は一般的にデータ通信における通信速度の意味で使われるようになりました。つまり、「帯域幅が広い＝通信速度が速い」といえます。

デフォルトルート

　先述したとおり、ルータはルーティングテーブルに該当するネットワークの情報が存在しない場合、パケットを破棄してしまいます。現在では、社内のネットワークを構築する際にインターネット接続まで行うことが一般的になっています。しかし、インターネット上には約86万ものルートが存在しています（2021年2月現在）。これらすべてのルートをルーティングテーブルに登録できたとしても、ルーティングテーブル全体を表示するだけで時間がかかってしまい、ルータの処理能力からも現実的ではありません。そこで利用されるのが、デフォルトルートです。

　デフォルトルートは、ルーティングテーブルに該当する宛先ネットワークが存在しないときに使用される特別なルートです。デフォルトルートのネットワークは「0.0.0.0/0」で表現し、ネクストホップと出力インターフェイスはともに、インターネットに向けて指定します。デフォルトルートは、パケットを転送するための最後の手段として使用されるため、**ラストリゾートゲートウェイ**とも呼ばれています。

　デフォルトルートは管理者が設定し、スタティックルートとしてルーティングテーブルに登録できます。また、ルーティングプロトコルを利用して他のルータから受け取り、ダイナミックルートとして登録することも可能です。

● デフォルトルート

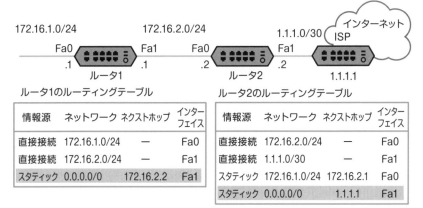

ルータ1のルーティングテーブル

情報源	ネットワーク	ネクストホップ	インターフェイス
直接接続	172.16.1.0/24	—	Fa0
直接接続	172.16.2.0/24	—	Fa1
スタティック	0.0.0.0/0	172.16.2.2	Fa1

ルータ2のルーティングテーブル

情報源	ネットワーク	ネクストホップ	インターフェイス
直接接続	172.16.2.0/24	—	Fa0
直接接続	1.1.1.0/30	—	Fa1
スタティック	172.16.1.0/24	172.16.2.1	Fa0
スタティック	0.0.0.0/0	1.1.1.1	Fa1

3-3 ルーティングプロトコル

POINT!

- ・ルーティングプロトコルにはディスタンスベクター型とリンクステート型がある
- ・ディスタンスベクターはルーティングテーブルを交換し合うことで最適ルートを受信する
- ・リンクステートはインターフェイスの情報を交換し合うことで最適ルートを受信する
- ・最適ルートを選択するための判断基準をメトリックという

■ ルーティングプロトコルの役割

ルーティングプロトコルには、次のような役割があります。

- ・リモートネットワークの検出
- ・宛先ネットワークへの最適ルートの選択
- ・ルート情報を最新の状態で維持する
- ・トポロジの変更に応じてルーティングテーブルを更新する

すべてのルーティングプロトコルは同じ役割を持ちますが、役割を果たすために使用する考え方（アルゴリズム）や特性は異なります。たとえば、ルーティングプロトコルがルーティングテーブルに最適なルートを登録する際の方式によって、ディスタンスベクター型とリンクステート型の2つに分かれます。

・ディスタンスベクター

　ディスタンスベクターを直訳すると、距離（distance）と方向（vector）になります。つまり、宛先までの距離と方向を認識することによって、最適なルートを決定する方式をいいます。ルータ間で定期的にルーティングテーブル全体を交換し合うことで、離れたネットワークのルート情報を受信します。

　ディスタンスベクター型に分類されるプロトコルは、RIPとIGRP[3]です。

・リンクステート

　各ルータは自分自身が持っているインターフェイスの情報（IPアドレスや帯域幅など）を交換し合います。この情報を集めてネットワークの地図のようなトポロジマップを作成し、最適なルートを決定する方式です。

　リンクステート型に分類されるプロトコルは、OSPFです。

●ディスタンスベクターとリンクステートの比較

方式	ディスタンスベクター	リンクステート
交換する情報	ルーティングテーブルのエントリ	リンクステート（インターフェイスの状態）
ルータの負荷	小さい	大きい
対象ネットワーク	小規模ネットワーク	小〜大規模ネットワーク
プロトコル	RIP、IGRP	OSPF

● メトリック

　ルーティングプロトコルはリモートネットワークを検出すると、宛先ネットワークまでの距離を計算し、その値が最も小さいルートを最適であると判断します。このとき、最適ルートを計算するための判断基準を**メトリック**といいます。メトリックは、ルーティングプロトコルごとに異なります。

※3　現在は、IGRPを改良した拡張ディスタンスベクター型のEIGRPが使用されています。EIGRPについては、130ページで説明します。

■ RIP

RIPは、代表的なディスタンスベクター型のルーティングプロトコルです。宛先のネットワークへ到達するまでに経由するルータの数を示す「ホップ数」を使って最適なルートを選択します。RIPはメトリックとしてホップ数のみを使用します。リンクの帯域幅を考慮しないため、必ずしも最速のルートを選択できるとは限りません。また、トポロジに変更がなくても30秒間隔でルーティングテーブルにあるすべてのエントリをアップデート送信するため、帯域幅を消費します。

● RIPのメトリック（ホップ数）

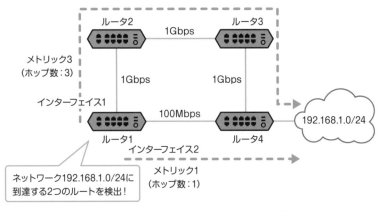

インターフェイス1……メトリック3 (ルータ2、ルータ3、ルータ4を経由)
インターフェイス2……メトリック1 (ルータ4を経由)

→ インターフェイス1と2を比較して、最小メトリックであるインターフェイス2を
最適ルートに選択し、ルーティングテーブルに登録

※実際にはリンクの帯域幅が1Gbpsであるインターフェイス1の方が高速なルートです。

アップデート
アップデートとは、ルーティングプロトコルがルート情報を通知するためのパケット（またはルート情報を通知する行為）のことです。

　RIPは設定が簡単で、動作も非常にシンプルなためルータのCPUやメモリの消費は少なくてすみます。ただし、基本的に30秒ごとの定期的なアップデート送信を行っているため、ルータの数が多くなると、コンバージェンスにかかる時間が長くなることがあります。

コンバージェンス（収束）
ネットワーク上のすべてのルータが、ルーティングテーブルを最新の状態に更新し終えた安定状態を指します。

参考

▣ OSPF

　OSPFは代表的なリンクステート型のルーティングプロトコルです。各ルータはLSAと呼ばれるインターフェイスの情報を交換し合います。LSAはパズルのピースのような役割を持ち、つなぎ合わせるとネットワークのトポロジマップ（地図）が完成します。各ルータがトポロジを知っている状態で、SPFというアルゴリズムを使って最適ルートを決定します。

　メトリックには「コスト」を使用します。コスト値は、ルータから宛先ネットワークに到達するまでのリンク（回線）の帯域幅を基にして自動的に算出することができます。

　OSPFは大規模ネットワークで使用することも可能でコンバージェンスも速いため、企業の社内ネットワークで最もよく利用されています。

アルゴリズム
アルゴリズムを直訳すると「計算方法」という意味です。つまり「こうすれば問題は解けます」という、ある問題を解くための一連の手順のことをアルゴリズムといいます。

用語

EIGRP

　EIGRPはシスコ社が開発した独自のルーティングプロトコルです。RIPと
OSPFはIETF※4によって標準化されたプロトコルなので、さまざまなベンダのルー
タが混在する環境で使用できますが、EIGRPはシスコ製品のみに制限されます。

　当初、ディスタンスベクター型のルーティングプロトコルIGRPとして開発され
ましたが、後にリンクステートの機能を取り入れるなどして拡張ディスタンスベ
クター型のEIGRPになりました。基本的には距離と方向を認識し、最適ルートを
選択しますが、コンバージェンスと処理効率が大幅に改善されています。

　メトリックには「帯域幅と遅延」を使用します。DUALというアルゴリズムを使
用して、大規模ネットワークでも非常に高速なコンバージェンスを実現するのが
特徴です。

● 代表的なルーティングプロトコルの特徴

プロトコル	RIP	OSPF	EIGRP
方式	ディスタンスベクター	リンクステート	ハイブリッド
標準	RFC標準	RFC標準	シスコ独自
アルゴリズム	ベルマンフォード	SPF	DUAL
メトリック	ホップ数	コスト	帯域幅と遅延
コンバージェンス	遅い	速い	非常に速い

※4　IETFはInternet Engineering Task Forceの略で、インターネットで利用される技術仕様の標準化
　　を進めている国際的な組織のことです。IETFによって策定された技術仕様は、RFC（Request for
　　Comments）と呼ばれる文書によってインターネット上で公開されます。

3-4 ブロードキャストドメイン

POINT!

- ・ブロードキャストのデータが届く範囲がブロードキャストドメイン
- ・ルータはポートごとにブロードキャストドメインを分割できる
- ・ブロードキャストドメインを小さくした方がネットワークの効率が良くなる

■ ブロードキャストドメインとは

「2日目」に取り上げたスイッチは、ポートごとにコリジョンドメインを分割できるということを学習しました。ルータはコリジョンドメインの分割だけでなく、ブロードキャストドメインを分割することができます。

「2-2 サブネット化」でも触れましたが、ブロードキャストアドレスを宛先にしたデータが届く範囲のことを**ブロードキャストドメイン**と呼びます。

スイッチは、受信したフレームの宛先MACアドレスを確認し、MACアドレステーブルに基づいて転送先のポートを決定します。ブロードキャストアドレスはMACアドレステーブルに登録されません。スイッチはブロードキャストフレームをフラッディングするため、スイッチで構成したネットワーク全体がブロードキャストドメインとなります。

一方、ルータはブロードキャストを転送しません。ルータは、インターフェイスごとにブロードキャストドメインを分割できる機器です。

● コリジョンドメインとブロードキャストドメイン

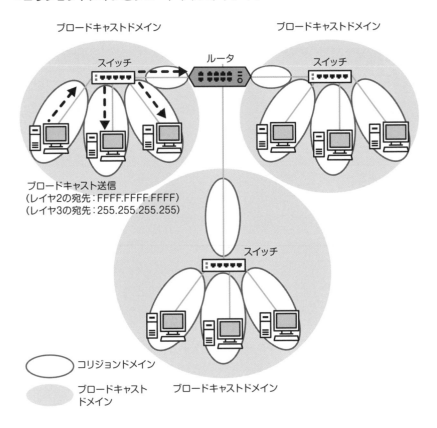

ブロードキャストドメイン　　　　　　　　　ブロードキャストドメイン

スイッチ　　　ルータ　　　スイッチ

ブロードキャスト送信
（レイヤ2の宛先：FFFF.FFFF.FFFF）
（レイヤ3の宛先：255.255.255.255）

スイッチ

　　　　　　　　コリジョンドメイン

　　　　　ブロードキャスト　　　ブロードキャストドメイン
　　　　　ドメイン

　ブロードキャストが広い範囲に届くと通信の効率が悪くなります。ブロードキャストドメインを小さくするとブロードキャストのトラフィック量を抑えることができ、ネットワーク全体の効率化が図れます。

 スイッチはレイヤ2、ルータはレイヤ3の機器です。
　　　　 スイッチとルータの役割と基本的な動作について、しっかりと
　　　　 理解を深めましょう。

■ 3日目のおさらい

問　題

Q1

IPパケットがネットワーク上でループし続けることを回避するために
IPヘッダに設けられたフィールドを記述してください。

Q2

IPと同じインターネット層で定義され、エラー通知やネットワークの
疎通確認で使用されるプロトコルの名称を記述してください。

Q3

IPアドレスの構成要素を選択してください。(2つ選択)

A.　インターフェイス部　　　B.　ネットワーク部
C.　ホスト部　　　　　　　　D.　オクテット部

Q4

クラスBアドレスの範囲を記述してください。

Q5 次のIPアドレスとサブネットマスクからサブネットアドレスを導き出し、記述してください。

IPアドレス：192.168.1.40　サブネットマスク：255.255.255.240

Q6 ルーティングテーブルに登録される情報として適切なものをすべて選択してください。

A. 出力インターフェイス　　　　B. 着信インターフェイス
C. 宛先MACアドレス　　　　　　D. ネクストホップアドレス
E. 宛先ネットワークアドレス　　F. 送信元IPアドレス

Q7 スタティックルーティングの説明として適切なものを選択してください。(2つ選択)

A. ルーティングプロトコルの知識が必要である
B. ルータやネットワークに負荷がかからない
C. トポロジに変更があると自動的に更新される
D. 管理者がすばやくルートを登録できる

Q8 ルーティングテーブルに該当するエントリがないパケットが破棄されるのを防ぐことができるルートの名称を記述してください。

Q9 OSPFのメトリックを選択してください。

A. コスト　　B. ホップ数　　C. 帯域幅　　　D. 遅延

解 答

A1 TTL (生存時間)

IPヘッダ内にある**TTL** (Time To Live：生存時間) の値は、ルータを中継するたびに1つ減少します。ルータはTTLが0になると、そのパケットを破棄します。このしくみによって、IPパケットは同じパスをぐるぐる回り続けるループを回避できるようになっています。

→ P.91

A2 ICMP

ICMP (Internet Control Message Protocol) はインターネット層のプロトコルであり、エラー通知やネットワークの疎通確認などに使用されます。

→ P.93

A3 B、C

IPアドレスは全体で32ビットあり、**ネットワーク部**と**ホスト部**で構成されます。

→ P.97

A4 128.0.0.0〜191.255.255.255

クラスBのIPアドレスは、第1オクテットの上位2ビットが「10」と定義されています。

第1オクテット……1000000 〜 10111111
10進数 (128)   (191)

よって、クラスBアドレスは第1オクテットが**128〜191**の範囲になります。

→ P.99

A5   **192.168.1.32**

IPアドレスとペアで表記されるサブネットマスクを見ると、サブネットアドレス（ネットワークアドレス）を求めることができます。

サブネットマスク255.255.255.240は「先頭から28ビット目までがネットワークの部分」を示しています。

255.255.255.240 ━━▶ 11111111.11111111.11111111.11110000

　　　　　　　　　　　　　　　ネットワーク部　　　　　　ホスト部

ホスト部のビットをすべて0にするとサブネットアドレスになります。IPアドレス192.168.1.40の第4オクテット「40」を2進数に変換し、ホスト部（下位4ビット）をすべて0にします。

40 ━━▶ 0010**1000**

　　　┃
　　　▼　ホスト部をすべて0にする

0010**0000** ━━▶ 32

サブネットアドレスは192.168.1.**32**になります。

➡ P.109

A6   **A、D、E**

ルーティングテーブルには、パケットをどこへ転送すべきかを決定するためのルート情報が登録されています。具体的には、パケットの**宛先ネットワークアドレス**とプレフィックス（サブネットマスク）、パケットを送るときに使用する**出力インターフェイス**と**ネクストホップアドレス**が含まれます。

➡ P.113

A7 　B、D

スタティックルートを使用したパケット転送をスタティックルーティングといいます。すべてのルータにルーティングプロトコルの設定が必要なダイナミックルーティングと違い、スタティックルートは管理者がルータに手動設定するだけですばやくルートをルーティングテーブルに登録することができます。スタティックルートの情報は他のルータと交換することがなく、ルータやネットワークに負荷がかかりません。

➡ P.121

A8 　デフォルトルート（ラストリゾートゲートウェイ）

ルーティングテーブルに該当する宛先ネットワークが存在しないときに使用される特別なルートのことを**デフォルトルート**（または**ラストリゾートゲートウェイ**）といいます。ルータは、デフォルトルートを持っていない場合は、ルーティングテーブルに該当するエントリがないパケットを破棄します。

➡ P.125

A9 　A

ルーティングプロトコルが最適ルートを計算する際に使用する判断基準のことをメトリックといいます。メトリックはルーティングプロトコルごとに異なります。OSPFはメトリックに**コスト**を使用します。

➡ P.129

4日目

4日目に学習すること

1 トランスポート層の役割とプロトコル

データを正しく送受信するためにどんな工夫をしているか説明します。

2 TCP/IP通信の流れ

TCP/IPモデルでの通信の流れと、ARPの必要性を理解しましょう。

3 アプリケーション層のプロトコル

Web閲覧やDNSのしくみについて学びましょう。

1 トランスポート層の役割とプロトコル

- ☐ ポート番号
- ☐ TCP
- ☐ UDP

1-1 ポート番号

POINT!

- ・トランスポート層はアプリケーション間の通信を実現する役割を持っている
- ・ポート番号を使用してアプリケーションを識別する
- ・0～1023番の範囲はウェルノウンポートとして予約されている
- ・クライアントが利用するポート番号はランダムに割り当てられる

■ ポート番号の役割

　みなさんは普段、Webブラウザでホームページを閲覧したり、メールソフトでメールを受信したりしていて、なぜインターネットからデータが同時に届いてもそれぞれのアプリケーションで正しく表示されるのか気になったことはありませんか？

　これは、アプリケーションを識別するポート番号が関係しています。順を追って説明しましょう。

　インターネットに接続してデータをやりとりするには、コンピュータにIPアドレスが付与されている必要があります。IPアドレスはインターネット上の住所のようなもので、どのネットワーク上に接続されているコンピュータなのかを示す

所在地に相当します。つまり、IPアドレスは通信相手のコンピュータを特定するまでの役割を担っています。しかし、それだけでは通信は実現しません。やりとりされるデータを実際に処理するのは、コンピュータ上で動作しているアプリケーションのプログラムだからです。

コンピュータは複数のアプリケーションを同時に起動し、並行して動作させることができます。たとえば、WebブラウザでWebページを閲覧しながらメールソフトで電子メールを受け取ることができます。このとき、送られてきたデータをコンピュータ内のどのアプリケーションに渡すかを判断するための識別情報が必要となります。

トランスポート層は、送られてきたデータを適切なアプリケーション層のプログラムへ届ける役割を持っています。このとき、データを識別するための目印として、ポート番号を使用します。

■ ポート番号を使用してアプリケーションにデータを送る

ポート番号は、アプリケーションを識別するための16ビットの数値です。16ビットなので0～65535番まであり、そのうち0～1023番はウェルノウン（well-known）ポートとしてあらかじめ割り当てられています。ウェルノウンとは「よく知られた」といった意味があり、主要なアプリケーションを識別するために予約された番号です。

● 代表的なウェルノウンポート

ポート番号	プロトコル	説明
23	Telnet	ネットワーク上の機器を遠隔操作するためのプロトコル
25	SMTP	電子メールを送信するために使用されるプロトコル
80	HTTP	Webブラウザなどでホームページを閲覧する際にWebページを送受信するためのプロトコル
110	POP3	電子メールを受信するために使用されるプロトコル

4
日目

1 トランスポート層の役割とプロトコル

参考 ウェルノウンポート番号は、インターネットに関連する番号（IPアドレス、ドメイン名など）を管理するIANA（Internet Assigned Numbers Authority：インターネット番号割当機関）という組織によって管理されています。ウェルノウンポートは、以下のIANAのWebサイトで確認できます。
https://www.iana.org/assignments/port-numbers

IANAで管理されているポート番号は、次の3つに分かれています。

・0〜1023 …………… ウェルノウンポート（IANAで予約されているポート）
・1024〜49151 …… レジスタードポート（IANAに申請された登録済み ポート）
・49152〜65535…… ダイナミックポート（自由に使える一時割り当てポート）

通信のほとんどは、クライアントからサーバに対して何らかの要求を送ることで開始されます。クライアントがサーバにデータを送るときの宛先ポート番号はウェルノウンポート番号を指定し、サーバはそのポート番号で、受信したデータを処理するアプリケーションを識別しています。

一方、サーバもクライアントに応答を返すときに宛先ポート番号を指定する必要があります。この宛先ポート番号には、クライアントからの要求に含まれていた送信元ポート番号を指定します。

この送信元ポートの番号は、クライアントのコンピュータ上でアプリケーションを識別するために使われる値であり、コンピュータ内部で重複しないように管理されています。ポート番号はダイナミックポートの範囲から自動的に割り当てられます（割り当てられるポート番号の範囲はOSによって異なります）。

送信元ポート番号が重複しないように管理されることによって、たとえば、Webブラウザとメールソフトを同時に起動していても、サーバからの応答に含まれるポート番号が異なるので、それぞれのアプリケーションで正しくデータが表示されるわけです。

● ポート番号を使用した通信の多重化

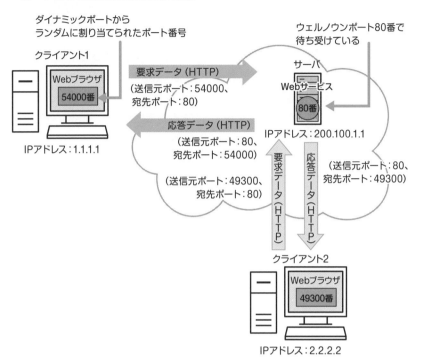

上図では、クライアント1とクライアント2との通信をそれぞれ次の値で管理しています。

クライアント1 …… IPアドレス：1.1.1.1、ポート番号：54000
クライアント2 …… IPアドレス：2.2.2.2、ポート番号：49300

このように、各通信をIPアドレスとポート番号のセットで管理するため、たとえクライアントが同じポート番号を使用したとしても、データが間違ったクライアントへ送られる心配はありません。

■ コネクション型とコネクションレス型の通信

　通信を行う際、相手に確実にデータを届けること（信頼性）を保証する方式を**コネクション型**といい、信頼性よりも通信の効率性（迅速性）を重視した方式を**コネクションレス型**といいます。

　コネクション型は、事前にデータを送ることを相手に知らせ、相手が受信できることを確認してから送ります。受信側はデータを正しく受信できたことを応答し、送信側はそのあとで次のデータを送ります。応答がなければ再送します。このやりとりによって、通信の信頼性が保証されます。

　コネクションレス型は、相手の受信状況を確認せずにデータを送ります。相手は応答せず、通信の途中でデータが破棄されても気づかないため再送信しません。やりとりをせずにどんどんデータを送れるので、効率的で迅速な通信が可能です。

　それぞれにメリットとデメリットがあるので、どちらが優れた方式かは一概にはいえません。アプリケーションの特性に応じてどちらの通信方式も必要になるからです。

　トランスポート層には、コネクション型の通信を提供するTCP、コネクションレス型の通信を提供するUDPというプロトコルがあります。次に、この2つのプロトコルについて学習しましょう。

●コネクション型のTCP　　　　　　　●コネクションレス型のUDP

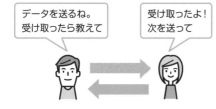 

1-2 TCP

POINT!

- TCPはコネクション型のプロトコルで信頼性を提供する
- 最初にスリーウェイハンドシェイクでコネクションを確立する
- データを受信したら確認応答で送信者へ通知する

TCPヘッダ

TCP（Transmission Control Protocol）は、トランスポート層のコネクション型のプロトコルです。データを送信する前に通信相手と、コネクションと呼ばれる論理的な通信路を確立します。

TCPは、上位のアプリケーション層のプログラムからデータを受け取ると、そのデータにTCPヘッダを付加して**TCPセグメント**を作成します。

TCPヘッダには、信頼性を提供するための様々なフィールドが設けられています。まず、TCPのヘッダ情報から学習しましょう。

TCPヘッダの詳細は次のとおりです。

● TCPヘッダのフォーマット（Ethernetフレームの例）

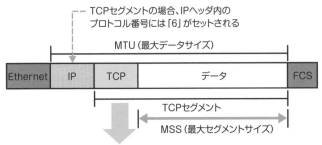

- **送信元ポート番号** ……… 送信側のアプリケーションを示すポート番号
- **宛先ポート番号** ……… 受信側のアプリケーションを示すポート番号
- **シーケンス番号** ……… 以下の2つの役割を持つ
  - SYN フラグが1の場合、コネクション確立の要求として初期の値がランダムにセットされる
  - SYN フラグが0の場合、データの先頭バイトの位置を示す値をセットして、送信するデータの順序を制御する
- **確認応答番号** ……… ACK フラグが1の場合、「受信時のシーケンス番号＋受信データサイズ」がセットされる。この番号によって、それより前のデータはすべて受信済みであることを送信側に通知する
- **ヘッダ長** ……… オプションを含めたTCPヘッダの長さを表す。オプションがない場合は20バイト
- **予約** ……… 将来、他のフィールドが拡張されることを想定して確保してあるフィールド。未使用（000）

・**フラグ**……………TCPの通信を制御するための情報。それぞれのビットに1をセットすることで、コネクションがどのような状態にあるのかを伝えて制御する

- **NS／CWR／ECE**：この3ビットで、輻輳(ふくそう)(次ページの用語解説を参照)が発生したことを相手に通知するなどのQoSで使用する(RFC3168で新たに定義されたフィールド)

- **URG**：緊急に処理すべきデータが含まれていることを表す

- **ACK**：確認応答番号フィールドが有効であることを表す

- **PSH**：データをバッファに格納せず即時に上位のアプリケーションに渡すことを表す

- **RST**：何らかの異常を検出したため、コネクションが強制的に切断されることを表す

- **SYN**：コネクションの確立要求を表す

- **FIN**：データ送信が完了したことによるコネクションの切断要求を表す

・**ウィンドウサイズ**……まとめて受信可能なデータサイズを受信側が送信側に通知するために使用する

・**チェックサム**…………TCPセグメントにエラーがないかチェックするための値が入る

・**緊急ポインタ**…………URGフラグが1の場合、緊急データの開始位置を示すための値が入る

・**オプション**……………TCP通信の性能を向上させるための追加データが入る

重要

フラグは、確実に通信が行えるように通信相手にさまざまな情報を伝えます。9ビットそれぞれが意味を持ち、各ビットに「1」をセットすることでコネクションの状態を知らせ、通信を制御します。代表的なフラグは以下の3つです。

・SYN: コネクションの確立を要求する
・ACK: 確認応答番号フィールドが有効であることを示す
・FIN: コネクションの切断を要求する

用語

シーケンス番号

送信するデータの先頭位置を数値で示すための番号です。受信側は、送られてきたデータのシーケンス番号とサイズを基に、データの正しい順番や欠落の有無を知ることができます。もし、欠落があった場合にはシーケンス番号を利用して再送を要求します。

4
日目

1

トランスポート層の役割とプロトコル

TCPセグメントのMSS

MSS (Maximum Segment Size) は、1つのTCPセグメントで送信することができるデータの最大サイズです。IPパケットの場合、IPヘッダとTCPヘッダを取り除いた部分となります。

イーサネットネットワークでは、デフォルトのMTU (Maximum Transmission Unit) は1500バイトのため、オプションの情報がないときのMSSは1460バイトです。

    1500 －   20   －   20   ＝   1460
    (MTU) (IPヘッダ) (TCPヘッダ)

輻輳とQoS

用語

通信回線やネットワーク機器などに多量のトラフィックが集中したために、通常の処理が困難な状態になることを輻輳（ふくそう）といいます。輻輳が発生したときに、ネットワーク上のアプリケーションを安定して利用できるようにするための技術をQoS（Quality of Service）といいます。QoSは文字どおり、サービスの品質を維持するための技術で、重要なデータを優先して送信したり、帯域幅を確保したりして輻輳を回避します。

■ スリーウェイハンドシェイク

TCPでの通信では、最初に**スリーウェイハンドシェイク**と呼ばれる3方向のメッセージ交換が行われます。まず、通信を開始したいことを相手に伝えるとともに、この通信で使用するシーケンス番号の最初の値と、やりとりするデータの最大セグメントサイズ（MSS）を決めます。

次の図は、PC-AからPC-BへTCP通信を開始する際のスリーウェイハンドシェイク（コネクションの確立）を示しています。

●スリーウェイハンドシェイク

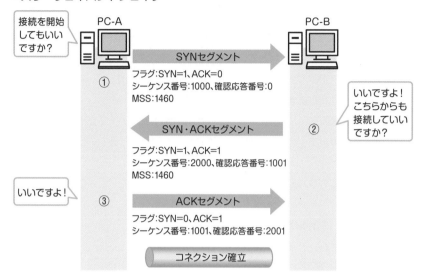

① PC-Aは「シーケンス番号1000で通信を開始します！」と宣言し、コネクション確立を要求します。このとき、フラグフィールドのSYNビットに「1」がセットされます。最初のシーケンス番号はランダムに決定されます（ここでは「1000」）。確認応答ではない（ACK＝0）ため、確認応答番号は「0」になります。

※ MSSのサイズはオプションフィールドにセットされる

② ①を受信したPC-Bは、「受け取りました。次は1001から送ってください」という確認応答と、自分からは「シーケンス番号2000で通信を開始します！」と宣言します。このとき、フラグフィールドのSYNビットとACKビットに「1」がセットされます。最初のシーケンス番号は「2000」、確認応答番号は①のシーケンス番号に1を足した「1001」になります。

③ ②を受信したPC-Aは、②の確認応答番号が「1001」になっているので相手にシーケンス番号1000まで届いたと判断します。そして、「受け取りました。次は2001から送ってください」と確認応答を返します。

■ TCPでのデータ送信

　スリーウェイハンドシェイクでコネクションを確立したら、実際の通信を開始します。

● 確認応答

　TCPでは、ここでも信頼性を提供するために、受信側では必ず確認応答（ACK）を返すことになっています。確認応答に含まれる確認応答番号には、受信したTCPセグメントのシーケンス番号に、受信したデータサイズを足した値をセットします。

　データの転送時に使用されるシーケンス番号はスリーウェイハンドシェイクからそのまま引き継がれます。TCP通信を開始した最初のデータ（先の図の例ではデータ①）はACKビット＝0ですが、そのあと続くデータはすべてACK＝1になります。

● スリーウェイハンドシェイク後のデータ送信

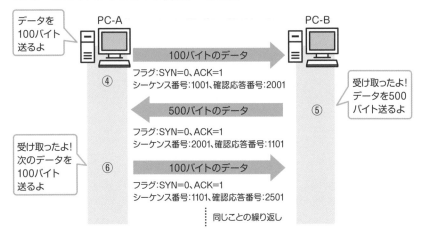

④ PC-AはPC-Bに対してデータ（100バイト）を送信しています。
　　フラグ：SYN＝0、ACK＝1
　　シーケンス番号、確認応答番号：1つ目のデータはスリーウェイハンドシェイク直後と同じ値
⑤ PC-BはPC-Aに対して確認応答とデータ（500バイト）を送信しています。
　　フラグ：SYN＝0、ACK＝1
　　シーケンス番号：④の確認応答番号と同じ値
　　確認応答番号：④のシーケンス番号＋受信したデータサイズ（この例では1001＋100）
⑥ PC-AはPC-Bに対して確認応答と次のデータ（100バイト）を送信しています。
　　フラグ：SYN＝0、ACK＝1
　　シーケンス番号：⑤の確認応答番号と同じ値
　　確認応答番号：⑤のシーケンス番号＋受信したデータサイズ（この例では2001＋500）

なお、データの送信が完了したときには、フラグフィールドのFINビットに「1」をセットしたデータを交換し、お互いの通信終了を確認してからコネクションは切断されます。

● 順序制御

TCPは、アプリケーションから大きなデータを受け取るとMSSのサイズに分割して複数のTCPセグメントとして送信します。通信回線の状況によっては送信したデータが順番に到着しないことも考えられます。このような場合でも、受信側でシーケンス番号を使って分割されたデータを正しい順に再構成できます。この処理を**順序制御**といいます。

● 再送制御

通信の途中で輻輳が起こると、一部のセグメントだけがうまく届かなかったり、データが壊れていたり、あるいは相手から送られた確認応答を受信できなかったりすることがあります。このような問題を回避するため、TCPでは再送タイマーを設定し、ある一定の時間内に確認応答がないとデータを再送信（**再送制御**）します。

● ウィンドウ制御（フロー制御）

相手からの確認応答を待ってから次のデータを送るのでは、すべてのデータ送信を完了するのに時間がかかってしまいます。そこで、確認応答を待たずにまとめてデータを送信することで、通信を高速化することができます。

しかし、一度に大量のデータを送ると、受信側でデータを一時的に貯めておくバッファ（記憶領域）がなくなり、データが破棄されてしまうかもしれません。そこで、TCPヘッダにある**ウィンドウサイズ**を利用して、自分のバッファの空き容量をお互いに伝えあうことでこの問題を解決しています。

バッファのサイズは一定ではありません。通信の途中でバッファに溜まったデータを処理しきれなくなることもあります。このような場合には、確認応答を送る際にウィンドウサイズをセットして送信側にバッファの空き容量を伝えます。この処理を**フロー制御**といいます。

4
日目

1

トランスポート層の役割とプロトコル

1-3 UDP

POINT!

・UDPはコネクションレス型のプロトコル
・信頼性よりも高速性や効率性を重視する通信で使用される
・音声や動画配信などのリアルタイム性のある通信はUDPを使用する

■ UDPヘッダ

UDP (User Datagram Protocol) は、トランスポート層のコネクションレス型のプロトコルです。UDPはTCPのような信頼性を提供しません。相手の状態を確認せずにデータをいきなり送信します。UDPヘッダが付加されたデータのことをUDPデータグラムといいます。

それでは、UDPヘッダを見てみましょう。

● UDPヘッダのフォーマット (Ethernetフレームの例)

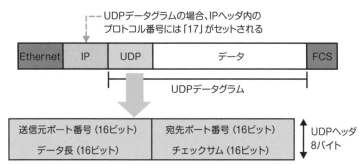

・**送信元ポート番号** …… 送信側のアプリケーションプログラムを示すポート番号。返信が不要の通信では0がセットされることもある
・**宛先ポート番号** ……… 受信側のアプリケーションプログラムを示すポート番号
・**データ長** ……………… UDPヘッダを含むUDPデータグラム全体の長さが入る
・**チェックサム** ………… ヘッダとデータの誤り検出で使用する。IPv4ではオプションとして使用される

　TCPヘッダに比べるととてもシンプルですね。UDPはポート番号でアプリケーションのプログラムを識別してデータを渡すだけで、基本的には「何もしない」で次々にデータを送ります。UDPは信頼性よりも通信の効率性と速度を重視したプロトコルです。

■ UDPの用途

　TCPに比べると信頼性に欠けるUDPですが、次のような場面に適しています。

・音声や動画配信などのリアルタイム性が重視されるデータを転送する場合

　音声や動画などのデータは高速でリアルタイムに転送する必要があるため、UDPを使用します。通信の途中で一部のデータが欠落したとしても、あとからそのデータを再送することは意味がないからです。少しくらい聞き取りにくいことがあっても、速度を優先するUDPを使用します。

・少量のデータを効率よく転送したい場合

　ドメイン名[1]からIPアドレスを調べる際に使うDNSでは、少量のデータを1回だけ問い合わせ、それに対するDNSサーバからの応答も1回だけで済みます。たった1回分のデータをやりとりするだけで通信が完了するのに、わざわざスリーウェイハンドシェイクで3回やりとりするのは効率が悪いですよね。このような、少量のデータ転送で完了するような通信にはUDPが適しています。

・複数の相手に同報通信したい場合

　TCPでは1対1でコネクションを確立する必要があるため、ユニキャスト通信しか行えません。UDPではコネクション確立の必要がないため、同じデータを複数の相手に送るようなブロードキャストやマルチキャストの通信が可能です。たとえば、クライアントのコンピュータにIPアドレスを自動で割り当てる際のDHCPでは、ブロードキャストのメッセージがUDPで転送されます（DHCPについては、167ページで詳しく説明します）。

※1　ドメイン名はインターネット上の住所のようなもので、人間にわかりやすい文字列になっています。それをコンピュータが理解するIPアドレスに変換するしくみがDNSです。DNSについては、173ページで説明します。

■ TCPとUDPの比較

TCPとUDPの違いをまとめると、次のようになります。それぞれの特徴と用途を確認しておきましょう。

● TCPとUDPの比較

プロトコル	TCP	UDP
通信方式	コネクション型	コネクションレス型
信頼性	高い	低い
通信速度	低速	高速
特徴	・コネクション確立と終了 ・確認応答 ・シーケンス番号による順序制御 ・再送制御 ・ウィンドウ制御（フロー制御）	・転送効率がよい ・オーバーヘッド[2]が少ない ・同報通信ができる
主な用途	・Webページの閲覧 ・電子メールの送受信 ・ファイル共有	・音声通話 ・動画再生 ・ビデオ会議 ・少量データの転送 ・ブロードキャスト／マルチキャスト通信

Q 次の図は、Aさんがブラウザを使用してWebサーバにアクセスするときの様子を示しています。このとき、①と②の宛先ポート番号が正しいものを選択しなさい。

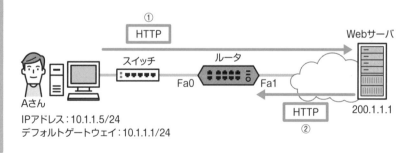

※2　オーバーヘッドとは、コンピュータやネットワークにかかる負荷のことです。

A. ①：80、②：ランダムなポート番号

B. ①：443、②：ランダムなポート番号

C. ①：ランダムなポート番号、②：80

D. ①：ランダムなポート番号、②：443

・・

A 矢印が示す方向から、①のデータはHTTPリクエスト（Webサーバへの要求）、②はHTTPレスポンス（Webサーバからの応答）であると確認できます。問題では、それぞれの宛先ポート番号を問われています。ポート番号はデータをアプリケーションに届けるための識別情報です。TCP/IPの通信で使用される主なアプリケーションには、ウェルノウンポートとして0〜1023番の範囲が割り当てられています。

HTTPは、最も代表的なアプリケーションプロトコルです。ポート番号に80が割り当てられています。よって、①の宛先ポート番号は80番になります。

Webサーバは、クライアント（Aさん）からのリクエストに対してレスポンスを返す必要があります。このときの宛先ポート番号は、クライアントからの要求に含まれていた送信元ポート番号を指定します。クライアントが使用するポート番号は、そのコンピュータでアプリケーションを識別するための番号であり、ダイナミックポート（49152〜65535）の範囲からランダム（自動的）に割り当てられます。

なお、443は、通信を暗号化してデータを保護するHTTPSのウェルノウンポート番号です。

正解 **A**

4 日目

1 トランスポート層の役割とプロトコル

2 TCP/IP通信の流れ

☐ TCP/IPネットワークでのデータ転送
☐ ARP

2-1 TCP/IPでのデータ転送

POINT!

・送信側はデータにヘッダを付加してカプセル化し下位へ渡す
・受信側はデータに付加されたヘッダを解析して上位へ渡す

■ 各階層が連携してアプリケーションに データを渡す

　これまで、TCP/IPモデルのリンク層、インターネット層、トランスポート層が
どのように動作しているのかを学習してきました。各層のヘッダには、送信元と
宛先のアドレスや上位層の識別情報などが含まれています。データを送信するに
は、上位層から下位層へとヘッダを付加しながらカプセル化し、送信先へどのよ
うなプロトコルを使用しているかを通知しています。

　次の図で、TCP/IPでのデータ転送の流れを確認しておきましょう。

　図では、Webサイトを閲覧する場合に、どのようにヘッダが付いてサーバまで
届くかを示しています。なお、HTTPは、Webサイトを閲覧するときにクライア
ントとサーバの間で使用されるプロトコルです（176ページで詳しく説明します）。

● カプセル化

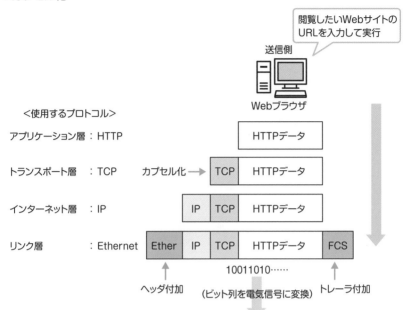

受信側では、下位層から上位層へ向かってヘッダの解析を進めていくことで適切なアプリケーションへデータを渡しています。

● 非カプセル化

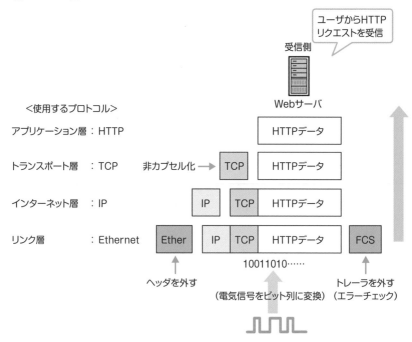

2-2 MACアドレスを調べるARP

POINT!

- サブネット内の通信にはMACアドレスが必要
- ARPの役割はIPアドレスからMACアドレスを調べること
- ARPリクエストはブロードキャストを使用する
- 取得した情報はしばらくARPテーブルに登録しておく
- 外部ネットワークへデータを送信するとき、デフォルトゲートウェイのIPアドレスをARPリクエストで取得する

4
日目

2

TCP/IP通信の流れ

■ ARPの役割

TCP/IPでのデータ転送で確認したとおり、イーサネットのネットワークで通信を行うには、インターネット層とリンク層のヘッダ内にデータの宛先となるアドレス情報をセットする必要があります（インターネット層とリンク層のヘッダの内容については、それぞれ「3日目」と「2日目」で学習しています）。

通常、インターネット層の宛先IPアドレスはDNSというしくみで取得しています（DNSについてはこのあと学習します）。リンク層の宛先MACアドレスを調べるしくみには、ARPが利用されます。

ARP（Address Resolution Protocol）は、宛先IPアドレスの情報を基にして宛先MACアドレスを調べるためのプロトコルです。

■ ARPの動作

ARPの動作はとてもシンプルです。「○○さん、MACアドレス教えて〜」と全員に大声で問い合わせ（リクエスト）をして、○○さんから「私のMACアドレスは××です」と返ってくる（リプライ）のを待ちます。このメッセージのことを、それぞれARPリクエストとARPリプライといいます。

ただし、同じ相手と通信をするたびに問い合わせるのでは効率が悪いため、ARPで取得した情報はARPテーブルに記録しておきます。ARPテーブルは、IPアドレスとMACアドレスを関連付けた対応表のようなものです。

それでは、ARPの動作を詳しく見ていきましょう。

次の図では、4台のコンピュータが同じネットワークに接続されています。このとき、PC-AがPC-Cにデータを送信する場合を例にしています。

① ARPテーブルの検索

PC-Aは、インターネット層から受け取ったパケットの宛先IPアドレス（10.1.1.3）を見て、ARPテーブルを検索します。最初の通信のため、今回はARPテーブルに該当するエントリはありません。

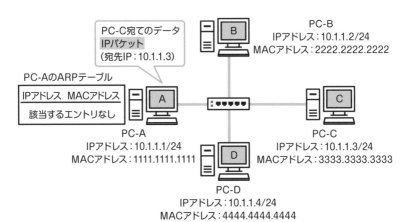

② ARPリクエストを送信

PC-AはPC-Cと通信したいので、「10.1.1.3のMACアドレスを教えてください」という意味のARPリクエストを生成します。**ARPリクエストはブロードキャスト**で送信されます。

ARPリクエストは、PC-Aと同じサブネット（ブロードキャストドメイン）上のノードに届きます。

全員がブロードキャストフレームを処理し、ARPリクエスト内の問い合わされているIPアドレスを確認します。PC-Cは、自分に対するARPリクエストであると判断して受け入れます。PC-BとPC-Dは関係ないと判断して破棄します。

③ ARPリプライを送信

PC-CはARPリクエストに応えるために、「10.1.1.3のMACアドレスは3333.3333.3333です」という内容のARPリプライを生成し、PC-Aに送ります。ARPリプライはユニキャストで送信されます。

④ ARPテーブルに登録

PC-AはPC-CからのARPリプライを受信し、10.1.1.3に対応するMACアドレス（3333.3333.3333）を認識します。ここで、宛先のIPアドレスとMACアドレスの関連付けができました。これをアドレス解決といいます。取得した情報は、ARPテーブルにしばらく登録します。

PC-Aは保留しておいたIPパケットをPC-Cに送ります。

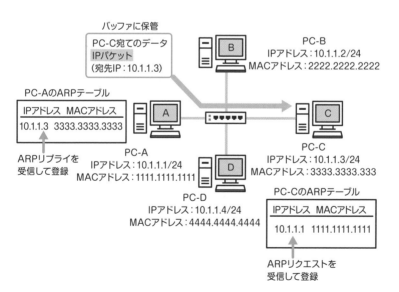

ARPテーブルへの登録は、ARPリクエストを受信した場合にも行われます。ただし、問い合わせされたIPアドレスが自分と同じ場合に限ります。今回の例では、PC-BとPC-DはARPテーブルに登録しません。PC-CはARPテーブルに登録されたエントリを使って、すぐにPC-Aとの通信を開始することができます。

なお、ARPテーブルのエントリは、通信しなくなって一定時間が経過すると消去されます。それは、コンピュータに割り当てられるIPアドレスが常に同じとは限らないからです。

■ 外部ネットワークと通信するときのARPの動作

ARPリクエストはブロードキャストで送信されますが、ルータはブロードキャストをほかのネットワークへ転送しません。そのため、ルータを越えた先にあるノードのMACアドレスは検出できません。そもそもMACアドレスは、同じネットワークに接続されたノード同士で通信するために定義されたリンク層（レイヤ2）のアドレスでしたね。

ホストが外部のネットワークと通信するときは、デフォルトゲートウェイとして設定しているルータに転送してもらいます。つまり、外部ネットワークと通信する際は、デフォルトゲートウェイのMACアドレスをARPで取得し、それを宛先としたフレームを送信するわけです。

たとえば、次の図でPC-AがPC-Bへデータを送信する場合、PC-Aはデフォルトゲートウェイ（ルータのFa0：10.1.1.254）のMACアドレスをARPで取得してアドレス解決したあとにフレームを送信します。

ルータはPC-AからのフレームをFa0インターフェイスで受信すると、ルーティングを行います。今回、10.2.2.1宛てのデータは自分が直接送れるとわかります。そこで、ルータもARPを使って10.2.2.1に対応するMACアドレスを取得し、そのアドレス宛てのフレームを生成してFa1から送信します。こうして最終的に、PC-AからPC-Bへデータが届けられます。

IPアドレスとMACアドレスの2つの宛先アドレスは、どちらも
データの届け先を示す「住所」のような情報です。しかし、「用途」
は異なります。
・宛先IPアドレス（インターネット層）…… 最終的にどこへ届けるか
・宛先MACアドレス（リンク層） ……… 次にどこへ届けるか

4
日目

2 TCP/IP通信の流れ

● 外部ネットワークと通信するときのレイヤ2／レイヤ3アドレス

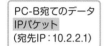

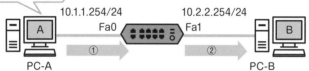

10.1.1.254/24　　　　　　　　　　10.2.2.254/24
Fa0　　　　　　　　　　　　　　　　Fa1

①　　　　　　　　　　②

PC-A　　　　　　　　　　　　　　　　　　　PC-B
IPアドレス：10.1.1.1/24　　　　　　　　　　IPアドレス：10.2.2.1/24
デフォルトゲートウェイ：10.1.1.254　　　　　　デフォルトゲートウェイ：10.2.2.254

① PC-Aから送信したフレーム

	レイヤ2（イーサネットヘッダ）	レイヤ3（IPヘッダ）
送信元アドレス	PC-AのMACアドレス	PC-AのIPアドレス
宛先アドレス	ルータのFa0のMACアドレス	PC-BのIPアドレス

ARPで取得

② ルータのFa1から送信したフレーム

	レイヤ2（イーサネットヘッダ）	レイヤ3（IPヘッダ）
送信元アドレス	ルータのFa1のMACアドレス	PC-AのIPアドレス
宛先アドレス	PC-BのMACアドレス	PC-BのIPアドレス

ARPで取得

 ARPの理解は、CCNAでとても重要です。
ARPは2つのサービスを提供します。
・IPアドレスからMACアドレスを調べる（アドレス解決）
・ARPテーブルを更新する

3 アプリケーション層の プロトコル

☐ IPアドレスを自動的に割り当てるDHCP
☐ IPアドレスとドメイン名を対応づけるDNS
☐ Webサービスを提供するHTTP
☐ ネットワークデバイスの遠隔操作を行うTelnet

3-1 アプリケーション層のプロトコル

POINT!

・アプリケーション層のプロトコルは、さまざまなサービスを提供している
・アプリケーションで作成したデータはトランスポート層に引き渡される

■ TCP/IPアプリケーションプロトコル

　TCP/IPのアプリケーション層は、さまざまなアプリケーションプログラムのサービスを提供します。また、ユーザがアプリケーションで作成したデータを下位のトランスポート層に渡す役割をしています。

　アプリケーション層の代表的なプロトコルには、次のようなものがあります。[ ]内は、ポート番号と、TCP／UDPのどちらを使用するかを示しています。

・**DHCP**(**Dynamic Host Configuration Protocol**)：[67、68/UDP]
　　ユーザのコンピュータにIPアドレスなどの情報を自動的に割り当てます。

・**DNS**(**Domain Name System**)：[53/UDP、TCP]
　　インターネット上のドメイン名（ホスト名）とIPアドレスを対応させる仕組みを提供します。

・HTTP（HyperText Transfer Protocol）：［80/TCP］

　Webページを閲覧する際にサーバとクライアント間の通信で利用します。

・HTTPS（HyperText Transfer Protocol Secure）：［443／TCP］

　HTTP通信を安全にするため、SSL/TLSプロトコルを用いてセキュリティ機能（暗号化や認証）を提供します。

・FTP（File Transfer Protocol）：［20、21/TCP］

　ネットワーク経由でファイルを転送するための機能を提供します。

・TFTP（Trivial File Transfer Protocol）：［69/UDP］

　UDPを用いて簡易的にファイルを転送するための機能を提供します。

・SMTP（Simple Mail Transfer Protocol）：［25/TCP］

　電子メールを送信するための機能を提供します。

・POP3（Post Office Protocol Version3）：［110/TCP］

　電子メールを受信するための機能を提供します。

・Telnet（Telecommunication network）：［23/TCP］

　リモートからネットワーク機器やサーバにログインし、遠隔操作するための機能を提供します。

・SSH（Secure Shell）：［22/TCP］

　Telnetと同様に、リモートから遠隔操作する機能を提供します。ネットワーク上でやりとりされるデータはすべて暗号化されるため、一連の操作を安全に行えます。

・SNMP（Simple Network Management Protocol）：［161、162/UDP］

　ネットワーク機器やサーバをネットワーク経由で監視し管理するための機能を提供します。

・NTP（Network Time Protocol）：［123/UDP］

　ネットワーク経由でコンピュータ内部のシステムクロックを同期し正確な時刻を提供します。

4
日目

3
アプリケーション層のプロトコル

● TCP/IPアプリケーション層のプロトコル

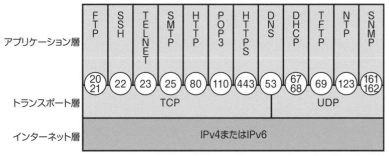

アプリケーション層

| FTP | SSH | TELNET | SMTP | HTTP | POP3 | HTTPS | DNS | DHCP | TFTP | NTP | SNMP |

トランスポート層

| 20 21 | 22 | 23 | 25 | 80 | 110 | 443 | 53 | 67 68 | 69 | 123 | 161 162 |

TCP / UDP

インターネット層　IPv4またはIPv6

※ ○の中の数字はポート番号

 各プロトコルの簡単な役割と、トランスポート層でTCPとUDP
のどちらを用いるかを覚えておきましょう。

3-2 IPアドレスを自動的に割り当てるDHCP

POINT!

・クライアントの台数が多いとき、DHCPはとても重要
・DHCP DISCOVERメッセージをブロードキャストしてDHCPサーバを探す
・同じサブネット上にDHCPサーバがないときはリレーエージェント機能を利用する

4
日目

3
アプリケーション層のプロトコル

■ DHCPの必要性

みなさんは普段、コンピュータをネットワークにつなげるだけで当たり前のようにWebページの閲覧や電子メールの送受信をしていることでしょう。これは、ユーザが気づかない間に、DHCPというプロトコルによってインターネット接続に必要な情報(IPアドレスなど)が自動的に設定されているためなのです。

現在は、PCだけでなくスマートフォンやタブレットなどさまざまな機器がインターネットに接続されています。その1台1台のクライアント端末に対して、IPアドレスが重複しないように管理をしながら手動で設定するとしたら、大変な負担になります。DHCPは、ユーザが普段意識することはありませんが、裏方でとても重要な役割を果たしています。

■ DHCPサーバ

クライアント端末にIPアドレスを自動で割り当てるには、DHCPサーバ機能を持つ機器が必要になります。DHCPサーバには、Windows ServerやLinux※3な

※3 Linuxは、ソースコードが公開されていてだれでも自由に入手して使用できるOSの一種です。

どのサーバOSが搭載されたコンピュータを準備します。家庭用のブロードバンドルータ※4もDHCPサーバ機能を持っており、初期状態でDHCP機能が使用できるように設定されています。また、Ciscoルータや無線LANアクセスポイント(「7日目」を参照) など、さまざまな機器をDHCPサーバとして利用することができます。

　DHCPサーバには、クライアントに割り当てるための各種の情報を設定します。複数のクライアントに配布するIPアドレスの範囲は、アドレスプールとして定義しておきます。

● DHCPサーバ

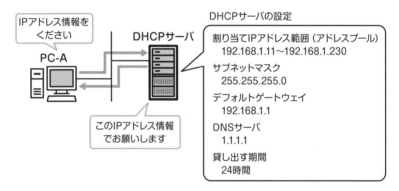

■ DHCPの動作

　クライアント端末をネットワークに接続しても、最初はIPアドレスを持っていませんし、IPアドレスの問い合わせ先であるDHCPサーバのIPアドレスも知りません。そこで、まずは全員宛てのブロードキャストでDHCP DISCOVERというメッセージを送るところから始めます。
　どのようにしてクライアント端末にIPアドレスが自動的に割り振られるのか、次の図で説明します。

※4　ブロードバンドルータは、インターネット接続を前提に使用されるルータの役割を持つ機器です。

● DHCPの動作

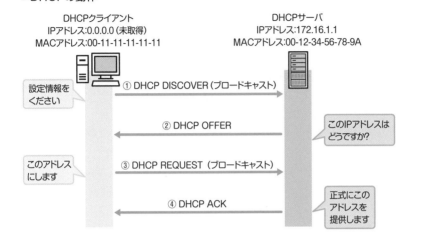

① DHCPクライアントは、DHCPサーバを探すためのDHCP DISCOVERメッセージをブロードキャスト(255.255.255.255)で送信します。
このメッセージの送信元IPアドレスは「0.0.0.0」を使用します。

② ①を受信したDHCPサーバは、割り当て可能なIPアドレスをアドレスプールから選択してDHCP OFFERメッセージで配布するIPアドレスを提案します。
DHCP OFFERメッセージには、IPアドレスのほかにサブネットマスクやデフォルトゲートウェイを含むいくつかの設定情報が含まれています。

③ ②を受信したDHCPクライアントは、提案されたIPアドレスをDHCP REQUESTメッセージで申請します。

④ ③を受信したDHCPサーバは、DHCPクライアントにDHCP ACKを返してそのIPアドレスの使用を承認します。

　クライアント端末は、DHCP ACKを受け取ると、DHCPサーバから提案されたIPアドレスを自分のIPアドレスとして設定し、IPアドレスを使って通信を始めます。

　DHCPでIPアドレスを自動設定するときのコンピュータ側の設定方法については、5日目の「3 コンピュータのネットワーク設定」で詳しく説明します。

4
日目

3

アプリケーション層のプロトコル

DHCPリレーエージェント

DHCP DISCOVERメッセージはブロードキャストで送信されるため、ルータを越えて転送されません。そこで、DHCPサーバがクライアントと同じサブネットに存在しないときは、DHCPリレーエージェントという機能を使用します。

DHCPリレーエージェントは、ブロードキャストで受け取ったDHCPメッセージを、あらかじめ設定しておいたDHCPサーバのIPアドレスに変換してくれます。つまり、ユニキャストになるので、ルータを越えてリモートネットワーク上のDHCPサーバまでパケットが届けられます。

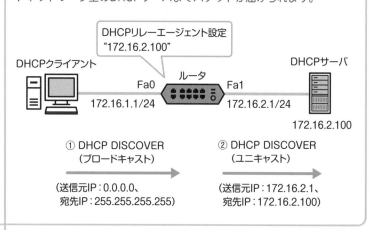

3-3 IPアドレスとドメイン名を対応づける DNS

POINT!

・ドメイン名は「インターネットでの住所」のようなもの

・DNSの役割はFQDNとIPアドレスの変換を行うこと

・最初にルートDNSサーバへ問い合わせる

・DNSの名前解決には「再帰問い合わせ」と「反復問い合わせ」がある

4
日目

3

アプリケーション層のプロトコル

■ ドメイン名のしくみ

ドメイン名は、インターネット上で特定の組織やグループのネットワークを、IPアドレスでなく、人間にとってわかりやすい文字列で表したものです。言ってみれば「インターネット上の住所表示」のようなものです。

たとえば「impress.co.jp」というドメイン名は、株式会社インプレスのネットワークを表します。ドメイン名はインターネット上で重複してはならないため、自分たちで考えて勝手に使用することはできません。まず、同じドメイン名が登録されていないことを確認してから登録機関に申請します。そして、そのドメイン名を使用している期間は登録料を支払う必要があります。

ドメイン名の管理はICANNという組織によって認定されたレジストリ（管理組織）が行っています。たとえば「.jp」ドメインの場合、JPNIC（日本ネットワークインフォメーションセンター）とJPRS（日本レジストリサービス）という指定事業者がレジストリになります。

ドメイン名のピリオド（.）で区切られた部分をラベルと呼び、最大63文字に制限されています。また、ドメイン名全体ではピリオドを含めて253文字以下でなければなりません。ラベルには英字、数字、ハイフン（-）が使用できます（先頭と末尾のハイフンは不可）。大文字・小文字の区別はありません。

　ドメイン名のラベルにはレベルが設定されています。最も右側のラベルを「トップレベルドメイン」、以下、左に向かって「第2レベルドメイン」、「第3レベルドメイン」……と呼びます。

impress ． co ． jp
第3レベル　　第2レベル　トップレベル
ドメイン　　　ドメイン　　　ドメイン

　ドメイン（ネットワーク）内で管理しているコンピュータを識別するための名前を**ホスト名**といいます。ホスト名は管理者が自由につけることができます。ただし、1つのドメイン内でホスト名が重複してはいけません。

● ホスト名

ドメイン名（ネットワーク）：impress.co.jp

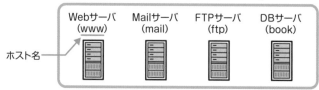

ホスト名—→

Webサーバ　　Mailサーバ　　FTPサーバ　　DBサーバ
（www）　　　（mail）　　　（ftp）　　　（book）

用語

FQDN（完全修飾ドメイン名）
ホスト名とドメイン名を省略しないでつなげて記述した文字列のことをFQDN（Fully Qualified Domain Name：完全修飾ドメイン名）といいます。

・FQDNの例

www.impress.co.jp
ホスト名　　　ドメイン名

■ DNSの役割

　DNS（Domain Name System）は、ドメイン名からIPアドレスを検索するしくみです。たとえば、インプレスのWebページを閲覧しようとして、Webブラウザのアドレスバーに「http://www.impress.co.jp」と入力します。このとき、いきなり目的のWebページを持つWebサーバにアクセスしているわけではありません。ドメイン名からIPアドレスへ変換する必要があるため、「www.impress.co.jpのIPアドレスは？」と問い合わせます。DNSサーバは、ドメイン名とIPアドレスを対応付けた「インターネット上の住所録」のようなファイルを管理していて、ユーザからの問い合わせに対応するIPアドレスを返します。DNSを使って、ドメイン名とIPアドレスの対応付けを行うことを**名前解決**と呼びます。

　名前解決の機能がなければ、ユーザはIPアドレスを自分で調べて指定しなければなりません。IPアドレスは、ただ数字を並べただけの番号なのでわかりにくく、記憶することも困難です。また、インターネットを利用してWebページを閲覧したり、電子メールを送ったりするとき、いちいち目的のサーバのIPアドレスを調べてから数字の羅列を入力するのは面倒です。このような問題を解決してくれるのがDNSなのです。

● DNSで名前解決

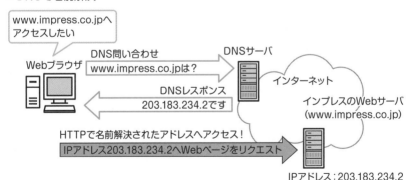

■ DNSのしくみ

ドメイン名とDNSの役割について理解できたところで、基本的な名前解決のしくみについて見ていきましょう。DNSサーバは、ルートを頂点とした階層構造になっています。それぞれの階層にあるDNSサーバ（ネームサーバ）は、自分と同じ階層内を管理範囲として、ホスト名とIPアドレスの対応を行っています。また、自分の下の階層のDNSサーバのことも知っています。

次の図で、ユーザが「www.impress.co.jp」のWebサーバへアクセスする際の名前解決の流れを確認しましょう。

● DNSによる名前解決の流れ

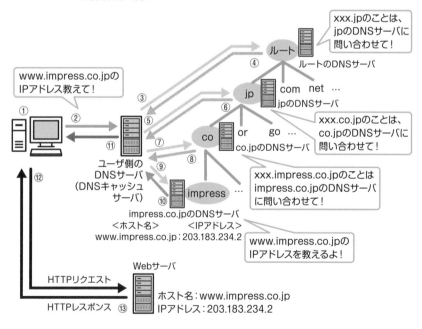

① ユーザがブラウザで「http://www.impress.co.jp」と入力します。

　ユーザのコンピュータには、DNSサーバのIPアドレスが設定されています。アプリケーションでホスト名を指定すると、WindowsなどのOSに用意されているリゾルバというプログラムが自動的にDNSサーバへの問い合わせを行ってくれます。

② アプリケーションプログラムから要求を受けたリゾルバは、自分のDNSサーバにwww. impress.co.jpのIPアドレスを問い合わせます。このDNSサーバをDNSキャッシュサーバと呼びます。

③ DNSキャッシュサーバは、リゾルバの要求に返答するために対応するIPアドレスを調べる役割をします。要求されたホスト名の情報を持っていない場合、まずはルートサーバに「www. impress.co.jpを知りませんか?」と問い合わせます。

④ ③を受信したルートのDNSサーバは、トップレベルドメインを管理しているDNSサーバの情報を持っています。今回の例では「jp」を管理しているjpのDNSサーバを教えます。

⑤ ④を受信したDNSキャッシュサーバは、ルートから教えてもらったjpのDNSサーバに「www. impress.co.jpを知りませんか?」と問い合わせます。

⑥ ⑤を受信したjpのDNSサーバは、co.jpのDNSサーバを教えます。

⑦ ⑥を受信したDNSキャッシュサーバは、jpから教えてもらったco.jpのDNSサーバに「www. impress.co.jpを知りませんか?」と問い合わせます。

⑧ ⑦を受信したco.jpのDNSサーバは、impress.co.jpのDNSサーバを教えます。

⑨ ⑧を受信したDNSキャッシュサーバは、co.jpから教えてもらったimpress.co.jpのDNSサーバに「www.impress.co.jpを知りませんか?」と問い合わせます。

⑩ ⑨を受信したimpress.co.jpのDNSサーバは、www.impress.co.jpのIPアドレスを知っているので、それを教えます。

⑪ ⑩を受信したDNSキャッシュサーバは、ようやく要求されたIPアドレスがわかったので、それをリゾルバに回答し、ここで名前解決が終了します。

⑫ 名前解決されたIPアドレスを使用してWebサーバとのTCPコネクションを確立し、HTTPリクエストを送信します。

⑬ WebサーバはHTTPのリクエストに対するレスポンスを返します。

DNSによる名前解決は、ルートDNSサーバからたどって順番に問い合わせを繰り返すことで、最終的に目的のIPアドレスを得ることができます。このやりとりのことを**反復問い合わせ**と呼んでいます(今回の例では③〜⑩)。

一方、リゾルバから問い合わせを受けたDNSキャッシュサーバが、ほかのDNSサーバに問い合わせを行って最終的に得た結果をリゾルバに返すやりとりのことは**再帰問い合わせ**と呼びます(今回の例では②と⑪)。

4
日目

3

アプリケーション層のプロトコル

> **重要**
>
> **DNSのやりとりは重要です。しっかり覚えておきましょう。**
> ・反復問い合わせ……DNSキャッシュサーバ⇔DNSサーバ
> ・再帰問い合わせ……リゾルバ⇔DNSキャッシュサーバ

3-4 Webサービスを提供するHTTP

POINT!

- ・Webページを閲覧するためのデータはHTTPで転送される
- ・HTTPはリクエストとレスポンスをやりとりしている
- ・HTTPSは、HTTPの通信にセキュリティを追加したもの

■ HTTPとは

　「DNSのしくみ」でも説明したように、Webブラウザのアドレスバーに「http://www.impress.co.jp」のような文字列を入力すると、目的のホームページを閲覧することができます。このとき、WebブラウザとWebサーバとの間では、HTTPによって通信が行われています。

　HTTP（HyperText Transfer Protocol）は、インターネットで最も基本とされるプロトコルです。

　Webアクセスは次のような流れで行われます。

● Webアクセスの流れ

ユーザ

① http://www.impress.co.jp を入力

② HTTPリクエスト送信

③ HTTPリクエストを処理

目的のWebサーバ

④ HTTPレスポンス返信

⑤ 受け取ったデータを
ブラウザに表示

www.impress.co.jp
10.3.3.3（例）

① ユーザがブラウザで「http://www.impress.co.jp」と入力します。
（すでに名前解決し、TCPコネクションを確立しているものとします。）
② 指定されたWebサーバに対してHTTPリクエストを送信します。

③ Webサーバは、要求された内容を処理します。

④ Webサーバは要求に対するデータをHTTPレスポンスで送ります。

⑤ Webブラウザは、受け取ったデータを処理してブラウザの画面上に表示します。

■ HTTPリクエスト

WebブラウザがWebサーバに送るデータ要求のメッセージをHTTPリクエストといいます。HTTPリクエストは、次の3つの項目で構成されます。

- **リクエスト行** ………… リクエストの内容を伝える
  Webサーバに何をしてほしいかを示すメソッドが含まれる
- **メッセージヘッダ** …… リクエストに関連する補足的な制御情報を伝える
  データの種類 (言語、文字コード、画像の形式など)、
  Webサーバのホスト名、ブラウザの種類など
- **メッセージボディ** …… サーバに対してデータを送るときに使用する
  GETメソッドの場合は空白

● HTTPリクエストの主なメソッド

メソッド	内容
GET	サーバからデータを取得したいときに使用
POST	サーバにデータを追加したいときに使用
PUT	サーバにあるデータを更新 (アップデート) したいときに使用
DELETE	サーバにあるデータを削除したいときに使用

メソッド

用語

HTTPリクエストメッセージのリクエスト行でメソッドを記述します。メソッドを使用してWebサーバに何をどうしたいのか「リクエストの種類」を伝えています。

HTTPレスポンス

WebサーバがWebブラウザに対して送るメッセージを**HTTPレスポンス**といいます。HTTPレスポンスは、次の3つの項目で構成されます。

- **ステータス行** ………… 処理結果（ステータス）の内容を伝える
  ステータスコード、リーズンフレーズが含まれる
- **メッセージヘッダ** …… ファイルの更新日やサイズなどの情報が含まれる
- **メッセージボディ** …… データ本文の内容が含まれる

ステータスコードは、処理の結果を示す3桁の番号です。たとえば、処理が正常に行われたときは「200 OK」、指定したデータ自体が存在しなかったときは「404 Not Found」がWebサーバから返ってきます。3桁の番号のあとの「OK」や「Not Found」がリーズンフレーズです。

● HTTPレスポンスの主なステータスコード

ステータスコード	意味
100番台	情報。続きの情報があることを伝える
200番台	成功。Webサーバソフトがリクエストを処理できたことを伝える
300番台	リダイレクト。別のURLにリクエストし直すように要求する
400番台	クライアントエラー。リクエストに問題があったので、処理できなかった
500番台	サーバエラー。サーバ側に問題があったので、処理できなかった

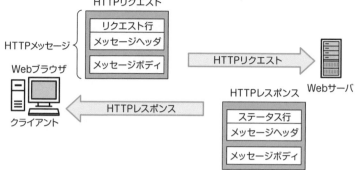

● HTTPリクエストとHTTPレスポンス

URLのしくみ

URL (Uniform Resource Locator) は、インターネットで情報を得たり、更新したりするときに、その情報の保存場所を特定するための文字列です。最も身近な用途はWebページの閲覧ですが、電子メールやTelnetなどのアプリケーションでも使用されています。

URLの書式は、スキームとスキームで定義された所在を示す部分があり、この2つをコロン(:)で区切ります。

● URLの書式

スキーム : スキーム独自部分

アクセス手段 　所在を示す

● URLの例

http://book.impress.co.jp/category/qualify/cisco
スキーム　　ホスト名　　　パス (ディレクトリ名を含む)

先頭のhttp部分をスキームといい、目的のサーバにアクセスするための手段と

して記述します。たとえば、Webアクセスのときは「http」または「https」、電子メールの宛先を表すときは「mailto」といった具合です。スキーム名としてプロトコル名がそのまま使用されることが多いですが、mailtoのように必ず同じとは限りません（メール送信のプロトコルはSMTPです）。

---

c o l u m n

HTTPS

みなさんがWebページを閲覧しているとき、ブラウザ上のURLが「https://〜」となって錠前マークが表示されているのに気づいたことはありませんか?

これは、通信を暗号化し、データが保護されていることを表しています。HTTPS (HyperText Transfer Protocol Secure) は、HTTPの通信にSecure (安全性) の「S」を追加したものです。HTTPSの通信は、SSL (Secure Sockets Layer) /TLS (Transport Layer Security)[5]によって暗号化されています。
なお、現在では一般的なWebサイトは、HTTPでアクセスしたとしても強制的にHTTPSサイトへ転送されるようになっています。

※5 SSL/TLSは単にSSLと呼ばれることが多いです。

3-5 ネットワーク機器の遠隔操作を行う Telnet

POINT!

- Telnetはネットワーク上の機器を遠隔操作するためのプロトコル
- Telnetはすべてのデータを暗号化せずに送信する
- 安全に遠隔操作したいときはSSHを使用する

4日目

3 アプリケーション層のプロトコル

■ Telnet

　Telnetは、離れた場所にあるサーバやネットワーク機器を遠隔操作するためのプロトコルです。Telnetを利用すると、管理者はネットワーク上にあるさまざまな機器やサーバを、あたかも手元のコンピュータであるかのように操作することができるため、管理の手間と時間を節約することができます。

　Telnetで遠隔操作するには、ユーザのコンピュータにターミナルソフト（通信ソフト）を用意するか、Windowsのコマンドプロンプトからtelnetコマンドを実行します。ターミナルソフトには、フリーソフトが数多く出回っています。なかでもTeraTermはよく使用されている人気のソフトウェアです。

　次の図では、遠隔地のルータ（Router1）をTelnetで操作しています。操作する側をTelnetクライアント、操作対象をTelnetサーバといいます。

● Telnetによる遠隔操作

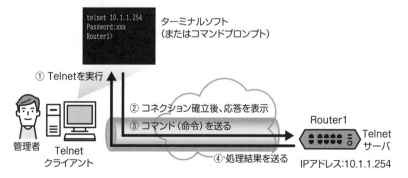

① 管理者のコンピュータでターミナルソフトを起動し、接続先（Telnetサーバ）のIPアドレスを入力してTelnetを実行します。
WindowsのコマンドプロンプトからTelnetを実行するときは、「telnet 10.1.1.254」と入力します（Windowsの機能で、Telnetクライアントを有効にしている必要があります）。

② Telnet接続を要求したRouter1とTCPコネクションが確立されたあと、リモートログインが開始されます。このとき画面には、Telnetサーバからの応答としてコマンド（命令）を入力するためのプロンプトが表示されます。
※通常、最初の応答画面ではパスワードが要求されます。

③ 管理者は必要なコマンドを入力して実行し、Router1に対して命令を送ります。

④ Router1は受信したコマンドに従って処理を行い、処理結果をクライアントに送ります。

※ Telnet接続を終了するときは、クライアント側でexitコマンドを実行します。

用語

コマンドプロンプト

コマンドプロンプトは、Windows OSに標準搭載されているシステムツールです。コマンドと呼ばれる命令を入力して実行すると、そのコンピュータのTCP/IPに関する設定やネットワークの状態を確認できるなど、いろいろ便利に活用できます。

c o l u m n

SSH

SSH（Secure SHell）は、ネットワークに接続された機器を安全に遠隔操作する、Telnetに代わるプロトコルです。Telnetの場合、パスワード情報を含むすべてのデータを暗号化せずに送信します。SSHでは、パスワード情報を含むすべてのデータを暗号化してから送信します。ネットワークデバイスのセキュリティを検討する場合、SSHを使用して管理セッションを保護することは必要不可欠です。

4日目のおさらい

問 題

Q1 トランスポート層がアプリケーションを識別するために使用している
情報を選択してください。

A. プロトコル番号 　　　　 B. MACアドレス
C. タイプ 　　　　　　　　 D. ポート番号

Q2 ウェルノウンポート番号の範囲を選択してください。

A. 0〜1999 　　　　　　　 B. 0〜1023
C. 1〜1024 　　　　　　　 D. 1〜1022

Q3 トランスポート層で信頼性のある通信を提供するためのプロトコルの
名称を記述してください。

Q4 TCPで通信するとき最初に行う動作を選択してください。

A. スリーウェイハンドシェイク 　 B. ウィンドウ制御
C. 順序制御 　　　　　　　　　　 D. 再送制御

Q5

UDPに関する説明として適切なものを選択してください。(2つ選択)

A. コネクションレス型の通信でオーバーヘッドが少ない
B. UDPヘッダが付加されたデータのことをUDPセグメントという
C. 信頼性がないため音声や動画配信などのデータ転送では利用されない
D. TCPよりも高速に転送することができる

Q6

次のTCP/IPアプリケーションプロトコルをTCPとUDPに分類してください。

A. Telnet   B. DHCP   C. SNMP
D. HTTP   E. FTP   F. SMTP

TCP [   ]   UDP [   ]

Q7

DNSの階層構造の最上位にあるサーバを選択してください。

A. DNSサーバ   B. ルートサーバ
C. キャッシュサーバ   D. リゾルバ

Q8 ARPに関する説明として適切なものを選択してください。

A. MACアドレスを基にIPアドレスを調べるアドレス解決プロトコルである

B. ARPリクエストはTTLを1にセットして送信される

C. ARPリクエストはブロードキャスト、ARPリプライはユニキャストで送信される

D. ARPで取得した情報はしばらくMACアドレステーブルに記録される

4
日目

解 答

A1 **D**

トランスポート層は、受信したデータを適切なアプリケーション層の
プログラムへ受け渡す役割を持っています。このとき、アプリケーショ
ンを識別するために**ポート番号**を使用します。

→ P.141

A2 **B**

ポート番号の範囲は0〜65535です。この中の**0〜1023**番をウェルノウ
ンポートといい、IANAという組織によって予約し管理されています。

→ P.141〜142

A3 **TCP**

トランスポート層で信頼性のある通信を提供するために定義されたプ
ロトコルは**TCP**です。

→ P.145

A4 **A**

TCPは、通信の信頼性を提供するためにさまざまな制御を行います。
データを送信するとき、最初に**スリーウェイハンドシェイク**と呼ばれ
るメッセージ交換を行って仮想のコネクションを確立します。

→ P.148

A5 A、D

UDPはトランスポート層の**コネクションレス型**のプロトコルです。TCPのようにメッセージ交換を行ってコネクションを確立したり確認応答したりする制御を行わない分、**オーバーヘッドが少なく**、TCPよりも**高速に転送する**ことができます。UDPは**音声や動画配信などのリアルタイム性のあるデータ転送**で利用されます。

UDPヘッダが付加されたデータのことを**UDPデータグラム**といいます。

➡ P.152〜153

4
日目

A6 TCP：A、D、E、F　　UDP：B、C

プロトコルをTCPとUDPに分けると次のようになります。

TCP		UDP	
プロトコル	役割	プロトコル	役割
Telnet	リモートログイン	DHCP	IPアドレス自動設定
HTTP	Webページの閲覧	SNMP	ネットワーク機器の管理
FTP	ファイル転送		
SMTP	電子メールの送信		

➡ P.164〜166

A7 B

DNSはドメイン名からIPアドレスを検索するしくみを提供する名前解決プロトコルです。DNSサーバはルートを頂点とした階層構造になっていて、ドメイン名の名前解決をする際は**ルートサーバ**を始点として複数のネームサーバに反復問い合わせを行うことで、最終的に目的のIPアドレスを取得します。

➡ P.174

A8　C

ARP は IP アドレスを基に MAC アドレスを調べるアドレス解決プロトコルです。**ARP リクエストはブロードキャスト、ARP リプライはユニキャストで送信**されます。ARP で取得した情報はしばらく ARP テーブルにキャッシュ（一時的に記録）されます。ARP メッセージはイーサネットヘッダでカプセル化されます。IP ヘッダを付加しないので TTL は存在しません。

➡ P.159〜163

5日目

5日目に学習すること

1 アドレス変換

NATなどのアドレス変換技術を理解しましょう。

2 IPv6

インターネットの急激な成長に伴って求められるIPv6の概要を学びましょう。

3 コンピュータのネットワーク設定

自分のコンピュータにIPアドレスを設定し、確認してみましょう。

1 アドレス変換

☐ プライベートIPアドレスとグローバルIPアドレス
☐ 1対1変換のNAT
☐ 1対多変換のNAPT

1-1 プライベートIPアドレスとグローバルIPアドレス

POINT!

・IPv4アドレスの枯渇問題の延命策としてプライベートIPアドレスは定義された
・プライベートIPアドレスは企業や家庭の中で自由に使用できる
・インターネットではグローバルIPアドレスが使用される
・グローバルIPアドレスはISPによって割り当てられる

　「3日目」で学習したIPアドレスはIPv4のアドレスです。IPv4は32ビット長なので、使えるアドレスは約43億（2の32乗）個しかありません。これは、70億人を超える世界人口に対してあまりに少ない数といえます。IPv4が策定された1980年代当初は、インターネットは主に研究開発の目的で使用されていました。大学や研究所のような組織に限られていたので、不足して困るような事態になることは想定していなかったのでしょう。

　ところが、90年代半ばからインターネットが全世界で急速に普及し、それに伴ってIPアドレスはいずれ枯渇すると懸念されるようになりました。この問題を解消するために新しいアドレス体系をもつIPv6の開発が進められましたが、IPv6の策定と移行には時間がかかります。そこで暫定的な対策として考案されたのが、プライベートIPアドレスやNATの使用です。

■ プライベートIPアドレス

プライベートIPアドレスは、企業や家庭内のLANで自由に割り当てることができる内部専用のアドレスです。プライベートIPアドレスが割り当てられたPCなどの端末は、インターネットと直接通信することができないので、このあと説明するNATなどのアドレス変換技術を利用してグローバルIPアドレスに変換してからインターネットと通信します。

プライベートIPアドレスの範囲はアドレスクラスに応じて、次のように決められています。

● プライベートIPアドレスの範囲

・クラスA：10.0.0.0～10.255.255.255
・クラスB：172.16.0.0～172.31.255.255
・クラスC：192.168.0.0～192.168.255.255

■ グローバルIPアドレス

上記の「プライベートIPアドレスの範囲」以外のユニキャストアドレスは、インターネットと直接通信できる**グローバルIPアドレス**となります。グローバルIPアドレスは**パブリックアドレス**とも呼ばれ、インターネット上のノードを特定するため世界中で重複してはいけない一意のIPアドレスです。インターネット接続を行う際に、契約したISP（インターネットサービスプロバイダ）によって割り当てられます。

1-2 NAT

POINT!

- ・インターネット上にはプライベートIPアドレスのルート情報は存在しない
- ・インターネットに接続するには、プライベートIPアドレスをグローバルIPアドレスに変換する必要がある
- ・NATテーブルに登録されたエントリに基づいてアドレス変換を行う

■ NATによるアドレス変換

　プライベートIPアドレスが割り当てられた内部ネットワークのホストは、そのままではインターネット上のさまざまなサービスを利用することができません。インターネット上ではプライベートIPアドレスは使えないからです。どういうことなのか、具体的に説明しましょう。

　たとえば次ページの図の例では、PC-Aがインターネット上のWebサーバにアクセスしています。パケットの宛先はグローバルIPアドレス（100.100.100.1）ですが、送信元がプライベートIPアドレス（192.168.1.1）のまま転送されています。宛先がグローバルIPアドレスになっているため、インターネット上のルータでルーティングを行い、パケットはWebサーバまできちんと届けられます。しかし、Webサーバから返信するときにパケットが破棄されてしまいます。

● プライベートIPアドレスでインターネット上のサーバにデータを転送

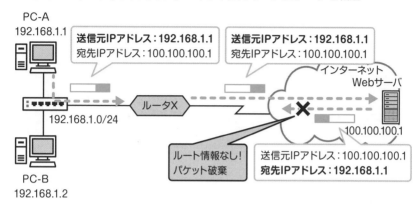

5
日目

1
アドレス変換

　たとえ宛先がグローバルIPアドレスであっても、送信元がプライベートIPアドレスでは、返信されるときに宛先がプライベートIPアドレスになります。インターネット上ではプライベートIPアドレスは使えないので、ルータのルーティングテーブルにはプライベートIPアドレスのルート情報は登録されません。そのためルーティングが行われず、パケットは破棄されてしまうわけです。

　ではどうすれば、PC-Aはインターネット上のWebサーバと通信してホームページを閲覧できるのでしょうか？　単純に考えると、内部ネットワークのホスト（ここではPC-A）にもグローバルIPアドレスを割り振れば、戻りのパケットもきちんとルーティングできます。しかし、IPv4アドレスの枯渇問題があるため、ネットワーク内の全ホストにグローバルIPアドレスを割り当てるのは現実的ではありません。そこで利用されるのが、NATという技術です。

　NAT（Network Address Translation：ネットワークアドレス変換）は、IPヘッダ内のIPアドレスを変換する技術で、プライベートIPアドレスをグローバルIPアドレスに付け替えます。

　たとえば、上図の例と同じネットワークで、ルータXがPC-Aからインターネット側へパケットを転送するとき、NATで送信元IPアドレスを200.200.200.1に変換する場合を例に見てみましょう。

● NATによるアドレス変換を行った転送

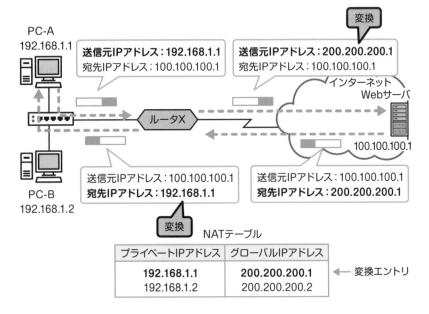

NATテーブル

プライベートIPアドレス	グローバルIPアドレス
192.168.1.1	**200.200.200.1**
192.168.1.2	200.200.200.2

←── 変換エントリ

　ルータXは、NATで変換したアドレス情報を保持しておくためのNATテーブルを持っています。このNATテーブルに従って、Webサーバから返信されたパケットの宛先をグローバルIPアドレス200.200.200.1からプライベートIPアドレス192.168.1.1に変換することで、PC-Aに届けることができます。

　現在はほとんどのルータがNAT機能を備えているので、このように、プライベートIPアドレスを持つホストもインターネット上のサーバなどと通信できます。

1-3 NAPT

POINT!

- ・NATはプライベートIPアドレスとグローバルIPアドレスを1対1で変換する
- ・NAPTは多対1のアドレス変換ができるので、IPアドレスを節約できる
- ・NAPTはポート番号を手がかりにして、IPアドレスとポート番号を変換できる

■ NAPTによるアドレス変換

NATによって、内部ネットワークのホストがインターネット上のノードと通信することができました。では、複数のホストが同時にインターネットを利用する場合はどうでしょうか。実はNATが行うのは、1つのプライベートIPアドレスを1つのグローバルIPアドレスに変換する1対1のアドレス変換です。そのため、同時にインターネット接続をしたいホストの台数分だけ、変換用のグローバルIPアドレスが必要になります。これでは、NATを利用しても、IPアドレス枯渇問題の対策としては意味がありません。

そこで考案されたのがNAPTです。NAPT (Network Address Port Translation) はNATの技術を拡張したもので、1つのグローバルIPアドレスを複数のプライベートIPアドレスで共有します。**1対多のアドレス変換が行えるためIPアドレスを節約し**、内部ネットワークの多くのホストから同時にインターネットを利用できます。

NAPTでは、内部ネットワークからインターネットへ向かうパケットの送信元は、すべて同じグローバルIPアドレスに変換されます。ということは、インターネット側から返信されたすべてのパケットの宛先は、同じグローバルIPアドレスになっていますね。では、どのようにして宛先を適切なホストのプライベートIPアドレスに戻せるのでしょうか?

NAPTはIPアドレスに加えてポート番号も変換し、そのエントリをNATテーブルに登録します。パケットはセッション※1ごとに異なる宛先ポート番号で戻ってくるため、どの宛先IPアドレスに変換すればよいのかを判断できます。

まず、Webサーバにパケットを送信するときのNAPTの流れを見てみましょう。

● NAPTによるアドレス変換を行った転送（送信時）

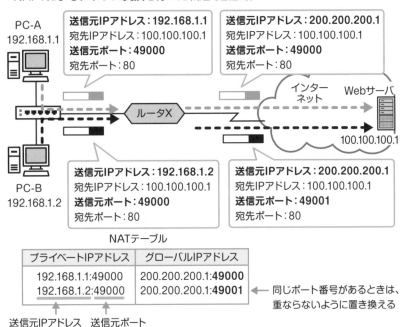

ルータXは、NAPTで変換したIPアドレスとポート番号を対応付けた変換エントリをNATテーブルに登録します。ポート番号は基本的には変換せずにNAPTによる通信を試みますが、すでに同じポート番号が使用されている場合には、重複しないように自動で別の番号に変換して、ポート番号でホストのIPアドレスを見分けられるようにします。

それでは、Webサーバから返信されるパケットに対するNAPTの動作を見てみましょう。

※1 セッションとは、「1日目」で学んだように一連の通信のことです。たとえば、WebブラウザのアドレスバーにURLを入力し、そのWebサイトが表示されるまでの一連の通信がセッションです。

● NAPTによるアドレス変換を行った転送（受信時）

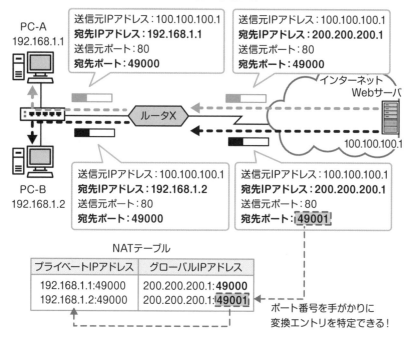

ルータXはNATテーブルを確認し、受信したパケットの宛先IPアドレスと宛先ポート番号が「200.200.200.1：49000」の場合、ポート番号49000の変換エントリを使用すると判断できるので、宛先IPアドレスを192.168.1.1に変換してルーティングを行い、パケットをPC-Aに届けます。

同様に、受信したパケットの宛先ポート番号が49001の場合、宛先IPアドレスを192.168.1.2に変換します。そして、宛先ポート番号も49000に変換されるため、PC-Bで動作する適切なアプリケーションで受け取ることができます。

NATとNAPTは、企業でも家庭のルータでも非常によく使用されている技術です。CCNA試験でもよく問われます。なお、シスコではNAPTのことをPAT（Port Address Translation）と呼んでいます。

試験にトライ！

Q 図のようなネットワークがあります。社内のすべてのユーザが同時にインターネットを利用できるようにするために、必要な設定として適切なものを選択しなさい。

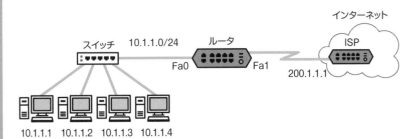

ルーティングテーブル

情報源	ネットワーク	ネクストホップ	インターフェイス
直接接続	10.1.1.0/24	−	Fa0
直接接続	200.1.1.0/30	−	Fa1
スタティック	0.0.0.0/0	200.1.1.1	Fa1

A. スイッチにグローバルIPアドレスを設定し、ユーザのプライベートIPアドレスをスイッチのIPアドレスに変換する

B. ルータにNATを設定し、プライベートIPアドレスをそれぞれ異なるグローバルIPアドレスに変換する

C. ルータのルーティングテーブルにデフォルトルートを設定し、インターネット宛てのパケットを転送可能にする

D. ルータにNAPTを設定し、プライベートIPアドレスを1つのグローバルIPアドレスに変換する

A 問題の図から、ルータは内部ネットワーク（社内）と外部ネットワーク（インターネット）を相互に接続していることがわかります。内部ネットワークでは、10.1.1.0/24のホストアドレスが割り当てられています。第1オクテットが10で

始まるのはプライベートIPアドレスであり、インターネットではルーティングされません。そのため、プライベートIPアドレスとグローバルIPアドレスを変換するNATの技術が必要です。

　なお、ルーティングテーブルに0.0.0.0/0のエントリがネクストホップ200.1.1.1で登録されています。「3日目」で学習したように、「0.0.0.0/0」のネットワークはデフォルトルートを意味し、受信したパケットの宛先IPアドレスに該当するエントリが存在しない場合に使用される特別なルート情報です。そのため、ルータは社内のホストからインターネット宛てのパケットを受信すると、デフォルトルートを使ってISPへ転送しますが、送信元のIPアドレスをプライベートIPアドレスからグローバルIPアドレスに変換しなければ、宛先に到着し応答されたパケットは破棄されてしまいます。

　問題では、「すべてのユーザが同時にインターネットを利用できるように」とあるため、多対1のアドレス変換ができるNAPTをルータに設定する必要があります。

正解　**D**

5
日目

1 アドレス変換

2 IPv6

☐ IPv6アドレス
☐ ICMPv6

2-1 IPv6アドレス

POINT!

・128ビットのIPv6アドレスは、IPv4のアドレス枯渇問題を解決する
・IPv6アドレスは、16ビットごとにコロン「:」で区切り16進数で表記する
・ブロードキャストアドレスが廃止され、マルチキャストアドレスに統合された
・IPv6では1つのインターフェイスに複数のIPアドレスを設定できる

■ IPv6アドレスとは

IPv6（IP version6）は、IPv4アドレスの枯渇問題を解消するために開発されたアドレス体系です。

現在、プライベートIPアドレスやNAT／NAPTなどの技術によってしのいでいるのでIPv4はまだまだ主流ですが、新規に割り当てられるIPv4アドレスの在庫はすでに枯渇していることから、IPv6の利用が徐々に広がってきています。

IPv6の最大の特徴は、IPv4では32ビットだったアドレスの桁数が128ビットに拡張されたことです。ビット数が多くなるということは、使用できるアドレスの数が増えることを意味します。

では、どれぐらい増えたのでしょうか。IPv4は2^{32}個でしたが、IPv6では2^{128}個になります。32ビットで約43億ですから、128ビットになると43億×43億×43億×43億になるわけです。これを計算すると……約340澗個になります。340澗は、340兆の1兆倍の1兆倍です。これは天文学的な数になるので、IPv6アドレスは枯渇しないと考えてよいでしょう。

■ IPv6のアドレス表記

IPv6は128ビットのアドレスです。128ビットを16ビットごとに「:」(コロン)で区切って8個のフィールドに分け、それを16進数で表記します。

「1日目」で学習したように、2進数の4桁「0000〜1111」は16進数の1桁「0〜F」に対応しています。つまり、128ビットを16進数にすると桁数は32になって扱いやすくなります。

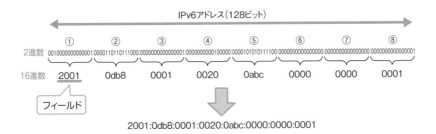

128桁のときと比べるとかなり短くはなりましたが、IPv4アドレスを見慣れていると、とても長く感じます。そこで、できるだけわかりやすくするために、IPv6アドレスの表記には次の2つの省略ルールが定められています。

● 各フィールドの先頭の0は省略できる

(例) 2001:0db8:0001:0020:0abc:0000:0000:0001

2001:db8:1:20:abc:0:0:1

※ 0000の場合は、0にします。

● 0のフィールドが連続する場合は「::」で表現できる

（例）2001:0db8:0001:0020:0abc:0000:0000:0001

2001:db8:1:20:abc::1

連続する0のフィールドを表現

※ 「::」は1つのアドレスにつき1回だけ使用することができます。

「::」で何フィールド分が省略されたかは、表示されているフィールドの数を数えるとわかるようになっています。上記の例では、全体8フィールドのうち6つのフィールドが表記されています。ということは、8−6＝2で、「::」に2つのフィールドが省略されていることがわかります。

ただし、次のような省略はできません。

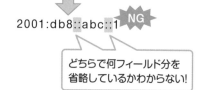

（例）2001:0db8:0000:0000:0abc:0000:0000:0001

2001:db8::abc::1 NG

どちらで何フィールド分を
省略しているかわからない！

※ 0が連続するフィールドが複数ある場合、多く省略できる方を「::」にすることが推奨されています。
※ 0が連続するフィールドの長さが同じ場合、最初（前）の方を「::」にしましょう。上の例では、2001:db8::abc:0:0:1となります。

c o l u m n

IPv6アドレスの管理組織

IPv6アドレスの管理は、IPv4と同様にIANA（ICANN※2）が行っています。IANAはまず、5つの地域を管轄するRIR（Regional Internet Registry）を設けてアドレスを割り振りました。次に、RIRの配下には国別に管理するNIR（National Internet Registry）があり、そのうち日本国内のアドレスを管理するのはJPNIC（Japan Network Information Center）です。さらにNIRの配下にはLIR（Local Internet Registry）と呼ばれる組織があり、その一形態であるISPがエンドユーザにIPアドレスを割り当てるようになっています。

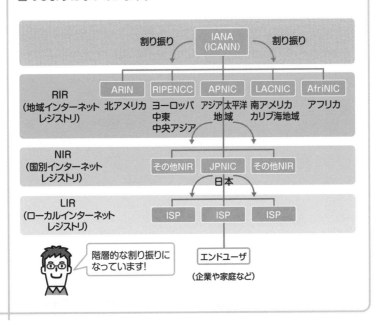

※2　ICANN（The Internet Corporation for Assigned Names and Numbers：アイキャン）は1998年に設立された組織で、2000年よりIANAの機能を引き継いでいます。IANAはICANNにおける機能の名称となっています。

IPv6アドレスの種類

IPv6には、次の3種類のアドレスがあります。

● ユニキャストアドレス

IPv4と同様に、個々のネットワークインターフェイスに割り当てるアドレスです。1対1の通信で使用します。ユニキャストアドレス宛てのパケットは、そのアドレスを持つインターフェイスに転送されます。

● マルチキャストアドレス

特定のグループ（インターフェイスの集合）に対する通信の宛先となるアドレスです。1対多の通信で使用します。IPv6では1対全の通信にもマルチキャストアドレスが使用されます。

● エニーキャストアドレス

複数のノード（サーバやネットワーク機器）に同じユニキャストアドレスを割り当てておき、ルーティング上「最も近いノード」だけにパケットを転送するときに使われるアドレスの割り当て方法です。複数ノードのうちの「どれか1つ（any）」宛てなのでエニーキャストアドレスといいます。

> **重要**
>
> **ブロードキャストアドレスの廃止**
> IPv6にはブロードキャストアドレスは存在しません。マルチキャストアドレスが同様の役割を果たすことを覚えておきましょう。

IPv6ユニキャストアドレスの構造

IPv6のユニキャストアドレスは通常、サブネットプレフィックスとインターフェイスIDで構成されます。

- **サブネットプレフィックス** ……… ルーティングに使用。IPv4のネットワーク部に
  （前半64ビット）　　　　　　　　相当する
- **インターフェイスID** ………… サブネット内での個別のインターフェイスを示
  （後半64ビット）　　　　　　　　す。IPv4のホスト部に相当する

● IPv6ユニキャストアドレスの構造

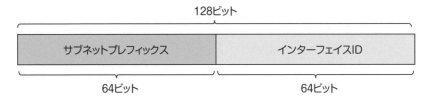

「3日目」で学んだプレフィックス表記と同様に、アドレスの最後に「/」をつけて、サブネットプレフィックスの長さを示します。一般的には「/64」が使用されます。

<IPv6アドレス> / <プレフィックス長>

例）2001:123:456:789::100:1/64

先頭から64ビットまでがサブネットプレフィックス

● インターフェイスID

　IPv6では、アドレスの後半をホストID（ホスト部）ではなく「インターフェイスID」と名付けています。これは、IPv4では1つのネットワークインターフェイスに割り当てられるアドレスは1つだけでしたが、IPv6では1つのネットワークインターフェイスに対して2つ以上のアドレスを割り当てることができるからです。よって、IPv6ではホスト部に相当する部分がインターフェイスIDという名称になっています。

　なお、一般的には、このあと説明するグローバルユニキャストアドレスとリンクローカルユニキャストアドレスの2つが、1つのネットワークインターフェイスに割り当てられます。

IPv6ユニキャストアドレスの種類

IPv6のユニキャストアドレスには、通信可能な範囲によって、グローバルユニキャスト、リンクローカルユニキャスト、ユニークローカルユニキャストの3種類があります。

● グローバルユニキャストアドレス

インターネット上で通信可能なアドレスで、グローバルアドレスとも呼ばれます。IPv4と同様に、IANAの管理のもとでISPが割り当てを行っています。

グローバルユニキャストアドレスの構造は次のとおりです。

● グローバルユニキャストアドレスの構造

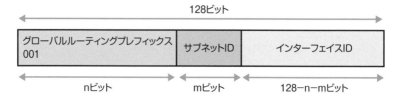

現在の方針では「n＝48、m＝16」という値でアドレス配布を行っています。48ビットのグローバルルーティングプレフィクスをISPが割り当て、サブネットIDは、企業などのエンドユーザ側で複数のサブネットに分割する際に使用します。

グローバルユニキャストアドレスの先頭3ビットは「001」で固定されています。これは、2進数「001」で始まる16桁を16進数にし、先頭3ビットが固定という意味合いで「2000::/3」と表記されます。

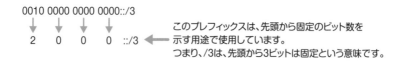

「2000::/3」の広大なアドレス範囲のうち、現在は「2001::/16」の範囲をインターネット上で使用可能なグローバルアドレスとして、ISPが割り当てを行っています。ここでは、IPv6グローバルユニキャストアドレスは「2001」で始まるということを覚えておきましょう。

● リンクローカルユニキャストアドレス

同じサブネット内でのみ通信可能なアドレスで、**リンクローカルアドレス**とも呼ばれます。IPv6が有効[3]なネットワークインターフェイスに必ず1つは設定することになっています。

ルータは、送信元または宛先がリンクローカルアドレスのパケットは転送しないため、ルータを越えた通信はできません。リンクローカルアドレスは、主にこのあと説明するアドレス自動設定や近隣探索（IPv4のARPに相当）などに利用されます。

● リンクローカルユニキャストアドレスの構造

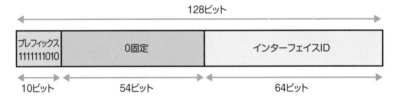

アドレスの先頭10ビットが1111111010のため、グローバルユニキャストアドレスのときと同じように変換し、「fe80::/10」と表記されます。

後続の54ビットは0に固定されているため、プレフィックスは常に「fe80::/64」となります。

※3　IPv6を有効にする方法は、「3　コンピュータのネットワーク設定」で説明します。

● ユニークローカルユニキャストアドレス

IPv4のプライベートIPアドレスに相当する、企業や家庭内でのみ使用されるアドレスです。**ユニークローカルユニキャストアドレス**は、異なるネットワークとの通信に利用できますが、インターネット上では通信できないアドレスです。閉じられたネットワークでのみ使用されるため、セキュリティが確保されます。

ユニークローカルユニキャストアドレスは「FC00::/7」の範囲です。

 IPv4では1つのインターフェイスに設定できるIPアドレスは1つだけでしたが、IPv6では**1つのインターフェイスに複数のアドレスを設定することができます**。一般的には、グローバルユニキャストアドレスとリンクローカルユニキャストアドレスの2つが割り当てられます。

■ IPv6マルチキャストアドレス

マルチキャストアドレスは、特定のグループ宛ての通信で使用されるアドレスです。IPv4のマルチキャストアドレスと同様に、同じデータを複数のノードに対して届けたいようなとき、送信側は1つだけパケットを生成し、マルチキャストアドレス宛てに送信すればよいため、効率の良い通信を行うことができます。

IPv6のマルチキャストアドレスは先頭8ビットが11111111のため、「ff00::/8」と表記されます。そのあとには4ビットのフラグとスコープがあり、残り112ビットはグループIDとなります。

● IPv6マルチキャストアドレスの構造

128ビット

プレフィックス 11111111	フラグ	スコープ	グループID

8ビット　4ビット　4ビット　　　　　　112ビット

・フラグ ………0000（16進数表記：0）の場合、IANAによって割り当てられたマルチキャストアドレス
　　　　　　　　0001（16進数表記：1）の場合、一時的なアドレスという意味になる

・スコープ ……マルチキャストの有効範囲を表す
　　　　　　　　代表的なスコープ
　　　　　　　　　　0001（16進数表記：1）：有効範囲はインターフェイスローカル
　　　　　　　　　　0010（16進数表記：2）：有効範囲はリンクローカル
　　　　　　　　　　1110（16進数表記：E）：有効範囲はグローバル

・グループID……宛先を示す
　　　　　　　　　　1（全グループ）
　　　　　　　　　　2（全ルータ）

　たとえば、同一リンク（サブネット）上のすべてのルータ宛てのマルチキャスト
アドレスは、次のとおりです。

フラグ（IANAで定義）

ff02::2

マルチキャストアドレス　　　全ルータ
（ffで始まる）
　　　　　　　　　リンクローカル
　　　　　　　　　（ルータを越えない）

IPv6において、リンクローカルユニキャストアドレスとマルチ
キャストアドレスはとても重要です。
・リンクローカルユニキャストアドレスは、**fe80::/10**で始まる
・マルチキャストアドレスは、**ff00::/8**で始まる

2-2 ICMPv6

POINT!

- ・ICMPv6は、IPv6用にICMPを改良したもの
- ・近隣探索機能が追加された
- ・ステートレスアドレス自動設定は、DHCPサーバなしでIPv6アドレスを割り当てることができる
- ・ARPの代わりに、ICMPv6のNS/NAメッセージを使用して効率よくレイヤ2アドレス解決を行うことができる

ICMPv6メッセージ

ICMPv6 (Internet Control Message Protocol for IPv6) は、IPv6で使用されるICMPのことです。ICMPについては「3日目」に学習しましたね。IPv6では、IPv4よりもICMPが重要な役割を担います。

ICMPv6のメッセージは、大きく分類すると「エラーメッセージ」と「情報メッセージ」の2つになります。

- ・エラーメッセージ …… パケットを処理する際に検出したエラー通知
- ・情報メッセージ ……… TCP/IP通信を行うために必要な情報の交換、ネットワーク診断機能など

次に、それぞれの主なICMPv6メッセージを示します。

● ICMPv6メッセージ

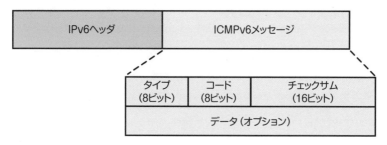

5
日目

2
IPv6

● ICMPv6エラーメッセージ

タイプ	メッセージ
1	宛先到達不能 (Destination Unreachable)
3	時間超過 (Time Exceeded)

● ICMPv6情報メッセージ

タイプ	メッセージ	
128	エコー要求 (Echo Request)	
129	エコー応答 (Echo Reply)	
133	ルータ要請 (Router Solicitation: RS)	近隣探索 (Neighbor Discovery)
134	ルータ広告 (Router Advertisement: RA)	
135	近隣要請 (Neighbor Solicitation: NS)	
136	近隣広告 (Neighbor Advertisement: NA)	

近隣探索は、IPv6で追加された機能です。次項で、近隣探索のメッセージがどのように使われるか見ていきます。

■ 近隣探索プロトコル

近隣探索プロトコル（Neighbor Discovery Protocol：NDP）は、名前のとおり隣接するノードを発見するためのプロトコルです。近隣探索の方法によって、IPv6アドレス自動設定やレイヤ2アドレス解決、アドレス重複検出などいくつかの機能を実現します。詳しく見ていきましょう。

● アドレス自動設定

IPv6では、ノードにIPアドレスを自動的に割り当てる方法には、「ステートフル」と「ステートレス」の2通りがあります。

・ステートフル

DHCPv6※3サーバからIPv6アドレスを割り当ててもらう方法です。クライアントに割り当てたIPv6アドレスをDHCPv6サーバ側で管理して状態を把握しているため「ステートフルなアドレス自動設定」といわれます。

・ステートレス

ルータに設定したIPv6アドレスの情報を基に、近隣探索機能を使ってクライアントに自動でIPv6アドレスを設定する方法です。DHCPv6サーバを用意しなくても各クライアントにIPv6アドレスを割り当てることができます。ルータ自身はクライアントのIPv6アドレスを把握していないため「ステートレスなアドレス自動設定」といわれます。

ステートレスアドレス自動設定（**SLAAC**：Stateless Address Auto Configuration）では、ICMPv6の情報メッセージを使用します。

※3 DHCPv6は、IPv6で使用されるDHCPのことです。DHCPについては「4日目」で学びました。

● ステートレスアドレス自動設定

① リンクローカルアドレス自動設定
　　※アドレス重複チェック

② RSメッセージ送信（リンク上の全ルータ宛て）

③ RAメッセージ送信（プレフィックス：2001:1:2:3::/64、GW：fe80::1）

④ IPv6アドレスを生成　2001:1:2:3:x:x:x:x/64　　生成したIPv6アドレスを設定して完了！

　　RAで受信したプレフィックス　MACアドレスを基に生成

① PC-Aは、自身にリンクローカルユニキャストアドレスを設定します。
このとき、NS（近隣要請）メッセージを使って、同じリンク上にアドレスが重複していないことを確認しています。NA（近隣広告）メッセージの応答がなければ「アドレスの重複なし」と判断できます。

② PC-Aは、同じリンク上のすべてのルータにRS（ルータ要請）メッセージを送信します。すべてのルータ宛てという意味を持つ「ff02::2」のマルチキャストアドレスを使用しています。

③ ルータXはRSメッセージを受信すると、RA（ルータ広告）メッセージで応答します。RAにはプレフィックスやデフォルトゲートウェイ（GW）などの情報が含まれています。

④ PC-Aは、受信したRAメッセージのプレフィックスに、自身のMACアドレスを基に生成したインターフェイスIDを付加してIPv6アドレスを生成します。完成したグローバルユニキャストアドレスを自身に設定し、自動設定は完了です。

重要

ステートレスアドレス自動設定（SLAAC：Stateless Address Auto Configuration）は、DHCPv6サーバを用意しなくてもクライアントにIPv6アドレスを自動的に割り当てることができる機能です。

● レイヤ2アドレス解決

イーサネットのネットワークでは、通信の際にMACアドレスが必要です。IPv4では、ARPと呼ばれるプロトコルを利用してアドレス解決（IPアドレスからMACアドレスを取得）することを「4日目」に学習しましたね。IPv6では、近隣探索のNSとNAメッセージを使用してアドレス解決を行っています。

●レイヤ2アドレス解決

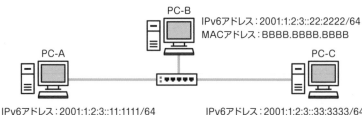

① PC-AはPC-Cと通信したいので、問い合わせたいアドレス（ターゲットIPv6アドレス）を2001:1:2:3::33:3333にしたNS（近隣要請）メッセージを送信します。
NSメッセージの宛先には「要請ノードマルチキャストアドレス」という特別なマルチキャストアドレスを使用しています。

② PC-CはNSメッセージを受信すると、問い合わされたアドレスが自身と同じなので、自分に対する要請であると判断して受け入れ、NAメッセージでMACアドレスを応答します。
※ ARPテーブルと同様に、NAで取得したMACアドレスは一時的にキャッシュに保存されます。

NSはARPリクエストに相当し、NAはARPリプライに相当することがわかりますね。ただし、ARPリクエストはブロードキャストアドレスを使用していましたが、NSでは要請ノードマルチキャストアドレスを使用しているという点が異なります。

要請ノードマルチキャストアドレスは、レイヤ2のアドレス解決の際に使用します。先頭104ビットが「ff02::1:ff」と固定され、後続の24ビットにユニキャストアドレスの下位24ビットを付加して生成します。今回の例にある3台のPCの要請ノードマルチキャストアドレスは次のようになります。

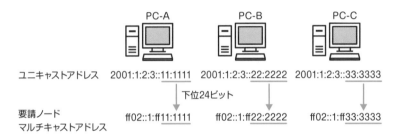

すべてのホストは、それぞれ特定のマルチキャストグループに所属しています。要請ノードマルチキャストアドレスを使用すると、同じサブネット上にたくさんのホストが存在する場合でも、IPアドレスの下位24ビットがまったく同じである確率は低いため、ネットワークに余計な負荷をかけず効率的にアドレス解決を行うことができます。

3 コンピュータの ネットワーク設定

☐ IPアドレスの手動設定
☐ IPアドレスの自動設定
☐ 接続性の確認

3-1 IPアドレスの手動設定

POINT!

- IPアドレスはインターネットプロトコル (TCP/IP) のプロパティで設定する
- IPアドレスの確認は、コマンドプロンプトでipconfigを実行

　「4日目」でも学習してきたように、コンピュータをネットワークに接続して通信するにはIPアドレスを設定する必要があります。ところで、みなさんは使用しているコンピュータのIPアドレスを自分で設定したことはありますか？

　IPアドレスの設定は管理と設定作業を簡素化するため、DHCPによって自動的に行うのが一般的になっています。ユーザが使用するコンピュータに対して、IPアドレスを手動設定する必要性はほとんどありません。自動で割り当てられるIPアドレスは、同じDHCPサーバからIPアドレスを取得しているコンピュータのなかでの起動順序や時間などによって変化し、常に同じIPアドレスが割り当てられるとは限りません。ただし、あるコンピュータを何らかのサービスを提供するサーバとして動作させたいときは、固定のIPアドレスを設定する必要があります。このような場合には、IPアドレスを手動で設定します。

■ IPアドレスの手動設定

コンピュータのIPアドレスを手動で設定するための手順を見ていきましょう。

※ 今回はWindows10を使用してイーサネット（有線LAN）に接続しているコンピュータを例に
しています。

① [スタート] ボタンをクリックし、表示されたスタートメニューの [設定] アイコ
ンを選択して「Windowsの設定」ウィンドウを表示します。そして、[ネットワー
クとインターネット] をクリックします。

5
日目

3 コンピュータのネットワーク設定

② [イーサネット]をクリックし、[ネットワークと共有センター]をクリックします。

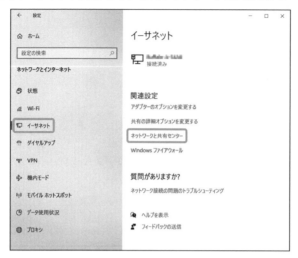

③ [アダプターの設定の変更] をクリックします。

④ [イーサネット] を右クリックし、[プロパティ] を選択します。

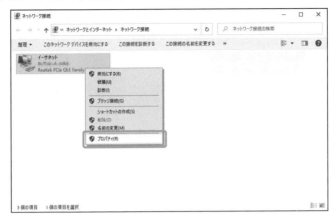

⑤ [インターネットプロトコルバージョン4 (TCP/IPv4)] を選択して [プロパ
ティ] をクリックします。

※ IPv6アドレスのときは、[インターネットプロトコル]バージョン6 (TCP/IPv6) を選択して
ください。

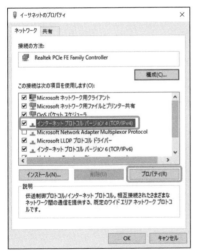

⑥ IPアドレスを入力します。

　［インターネットプロトコルバージョン4（TCP/IPv4）のプロパティ］ウィンドウが開きます。IPアドレスを手動設定する場合、この画面で［次のIPアドレスを使う］を選択してから、IPアドレス、サブネットマスク、デフォルトゲートウェイを入力します。

　このとき、IPアドレスを入力する欄の第1オクテット部をクリックし、カーソルを点滅させてからアドレスを入力します。

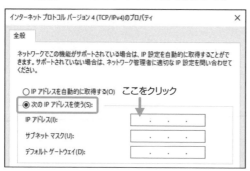

　各オクテットの数字が3桁のときは、3桁目の値を入力すると自動的に次のオクテット部にカーソルが移動します。3桁より少ないときは、ドット（.）を入力すると移動します。たとえば、IPアドレス「192.168.2.1」を設定する場合、第3オクテットは「2」を入力したあとにドットを入力します。

　第4オクテットまで入力したら、Tab キーを押すと、サブネットマスクの最初の部分にカーソルが移動します。

　サブネットマスクは、入力したIPアドレスのクラスに基づいて自動的に入力されます。デフォルトのサブネットマスクと異なる値を使用するときは、変更してください。

　外部ネットワークとの通信が必要な場合は、デフォルトゲートウェイも入力します。

インターネット プロトコル バージョン 4 (TCP/IPv4)のプロパティ ✕

全般

ネットワークでこの機能がサポートされている場合は、IP 設定を自動的に取得することができます。サポートされていない場合は、ネットワーク管理者に適切な IP 設定を問い合わせてください。

○ IP アドレスを自動的に取得する(O)
◉ 次の IP アドレスを使う(S):

IP アドレス(I):	192 . 168 . 2 . 1
サブネット マスク(U):	255 . 255 . 255 . 0
デフォルト ゲートウェイ(D):	192 . 168 . 2 . 254

○ DNS サーバーのアドレスを自動的に取得する(B)
◉ 次の DNS サーバーのアドレスを使う(E):

優先 DNS サーバー(P):	. . .
代替 DNS サーバー(A):	. . .

☐ 終了時に設定を検証する(L)　　　　　　詳細設定(V)...

OK　　キャンセル

※必要な場合は、DNSサーバのIPアドレスも同様に入力してください。

最後に、入力した値に問題がなければ [OK] をクリックします。

⑦ プロパティウィンドウを閉じて、設定を完了します。

注意
設定を変更する場合は、元の状態に戻せるように、変更前の値を控えておきましょう。

■ IPアドレスの確認

次に、IPアドレスが正しく設定できていること確認しましょう。コンピュータに設定されたIPアドレスを確認するには、コマンドプロンプトからipconfigコマンドを実行します。

コマンドプロンプトを起動する方法はたくさんあります。たとえば、

5
日目

③ コンピュータのネットワーク設定

Windowsの[スタート]ボタンを右クリックし、[ファイル名を指定して実行]を
クリックします。表示される画面で[名前]入力ボックスに「cmd」と入力し、[OK]
をクリックします。

　コマンドプロンプトが起動したら、「ipconfig」と入力して Enter キーを押します。

　IPv4アドレスとIPv6アドレスが表示され、正しく設定できたことを確認でき
ます。

● ipconfigコマンドの表示例

```
C:¥>ipconfig Enter

Windows IP 構成


イーサネット アダプター イーサネット:

   接続固有の DNS サフィックス . . . . .:
   リンクローカル IPv6 アドレス. . . . . .: fe80::a111:1ab1:c7a1:b5e1%11
   IPv4 アドレス. . . . . . . . . . . .: 192.168.2.1
   サブネット マスク. . . . . . . . . .: 255.255.255.0
   デフォルト ゲートウェイ . . . . . . .: 192.168.2.254

C:¥>
```

※ 上記例では、イーサネットアダプタ（イーサネットに接続するためのインターフェイス）の部分
　のみを表示しています。無線LANのアダプタなどが搭載されている場合は、それらの情報も表
　示されます。

3-2 IPアドレスの自動設定

POINT!

・インターネットプロトコルのプロパティ画面で「IPアドレスを自動的に取得する」を選択する
・設定状況は、ipconfig /allコマンドで確認できる

「4日目」で学習したように、IPアドレスを自動で設定するにはDHCPサーバが必要です。このDHCPサーバの機能は昨今のルータにはあらかじめ備わっているので、ネットワークに接続しているコンピュータには自動的にIPアドレスが割り当てられます。

ただし、手動で設定するようにしている場合は、自動的に取得するようにしておく必要があります。

それでは、コンピュータのIPアドレスを自動的に設定する方法を確認しましょう。「IPアドレスの手動設定」の⑤で説明した [インターネットプロトコルバージョン4 (TCP/IPv4) のプロパティ] ウィンドウを開きます。IPアドレスを自動設定する場合は、この画面で [IPアドレスを自動的に取得する] を選択するだけです。なお、デフォルトでは [IPアドレスを自動的に取得する] が選択されています。

あとは、[OK] をクリックし、プロパティウィンドウを閉じて、設定を完了します。

5日目

3 コンピュータのネットワーク設定

● DHCPで取得したIPアドレスの確認

　コンピュータは、IPアドレスを取得するために、DHCP DISCOVERメッセージをブロードキャストで発信し、応答してきたDHCPサーバからIPアドレスを取得します。ネットワーク上に複数のDHCPサーバが存在している場合に、自分がどのサーバからIPアドレスを取得したのかを確認するには、コマンドプロンプトでipconfig /allコマンドを実行します。

● ipconfig /allコマンドの表示例

```
C:¥>ipconfig /all Enter

Windows IP 構成

  ホスト名 . . . . . . . . . . . . . : kikaku03
  プライマリ DNS サフィックス . . . . . :
  ノード タイプ . . . . . . . . . . . : ハイブリッド
  IP ルーティング有効. . . . . . . . . : いいえ
  WINS プロキシ有効 . . . . . . . . . : いいえ

イーサネット アダプター イーサネット:

  接続固有の DNS サフィックス . . . :
  説明. . . . . . . . . . . . . : Realtek PCIe FE Family Controller
  物理アドレス. . . . . . . . . . : 3A-52-82-35-C7-4B
  DHCP 有効 . . . . . . . . . . : はい
  自動構成有効. . . . . . . . . . : はい
  リンクローカル IPv6 アドレス. . : fe80::a157:1ab3:c7b2:a5f4%30(優先)
  IPv4 アドレス. . . . . . . . . : 192.168.1.25(優先)
  サブネット マスク. . . . . . . : 255.255.255.0
  リース取得. . . . . . . . . . : 2020年9月14日 17:29:35
  リースの有効期限 . . . . . . . : 2020年9月15日 17:29:35
  デフォルト ゲートウェイ . . . . : 192.168.1.1
  DHCP サーバー. . . . . . . . . : 192.168.1.1 ◀─── DHCPサーバのIPアドレス
  DHCPv6 IAID . . . . . . . . . : 527816224
  DHCPv6 クライアント DUID . . . : 00-01-00-01-20-6A-7B-AD-8D-52-72-31-66-4D
  DNS サーバー. . . . . . . . . : 192.168.1.1
  NetBIOS over TCP/IP . . . . : 有効

C:¥>
```

3-3 接続性の確認（ping）

POINT!

- pingコマンドは、指定した相手と通信可能かどうか調べることができる
- pingは、ICMPのエコー要求とエコー応答を使用する
- 時間内にエコー応答が返ってきたら通信可能だと確認できる

pingは、指定したIPアドレスのホストと通信できるかどうかを確認するためのプログラムです。コマンドプロンプトでpingコマンドを実行すると、通信可能かどうか調べたいホストに対してICMPメッセージのエコー要求を送り、相手がそれを受け取るとエコー応答を返してきます。一定の時間までに応答が返ってくるかどうかで、通信可能かどうかを調べることができます。また、エコー応答が戻ってくるまでの時間であるRTT（ラウンドトリップタイム）を測定することもできます。

● pingコマンドの書式

```
ping <相手のIPアドレス>
```

たとえば、次の例ではあるコンピュータから192.168.1.1に対してpingコマンドを実行しています。

実行結果にある「192.168.1.1からの応答：バイト数 =32　時間 <1ms TTL=64」の行は、相手からの応答があり、往復遅延時間（1ミリ秒以内）を示しています。つまり、エコー応答が返ってきたので通信は可能です。

RTT

用語　RTT（Round-Trip Time：ラウンドトリップタイム）は、通信相手にデータを送信してから、応答が返ってくるまでにかかる時間（通信の往復時間）です。

5日目

3 コンピュータのネットワーク設定

● pingコマンドの成功例

```
C:¥>ping 192.168.1.1 Enter   ← ここを入力

192.168.1.1 に ping を送信しています 32 バイトのデータ:
192.168.1.1 からの応答: バイト数 =32 時間 <1ms TTL=64
192.168.1.1 からの応答: バイト数 =32 時間 <1ms TTL=64
192.168.1.1 からの応答: バイト数 =32 時間 <1ms TTL=64
192.168.1.1 からの応答: バイト数 =32 時間 <1ms TTL=64

                    入力したアドレスから返事が返って
                    いるので通信が可能
192.168.1.1 の ping 統計:
    パケット数: 送信 = 4、受信 = 4、損失 = 0（0% の損失）、
ラウンド トリップの概算時間（ミリ秒）:
    最小 = 0ms、最大 = 0ms、平均 = 0ms  ← RTT（往復遅延時間）の最小、最大、
                                         平均をミリ秒単位で表示
C:¥>
```

次に、存在していない192.162.1.100に対してpingを実行してみましょう。

● pingコマンドの失敗例

```
C:¥>ping 198.162.1.100 Enter

198.162.1.100 に ping を送信しています 32 バイトのデータ:
要求がタイムアウトしました。
要求がタイムアウトしました。          入力したアドレスから返事がないので
要求がタイムアウトしました。          通信ができない
要求がタイムアウトしました。

198.162.1.100 の ping 統計:
    パケット数: 送信 = 4、受信 = 0、損失 = 4（100% の損失）、

C:¥
```

　存在していない（通信できない）アドレスを指定したため、相手からのエコー応答が返ってきません。「要求がタイムアウトしました。」とは、既定の時間内に応答が返ってこなかったことを示しています。つまり、時間切れという意味です。

---

c　o　l　u　m　n

pingの1回目のみタイムアウトになる理由

Windows PCでpingコマンドを実行すると、デフォルトでは4回、相手にICMPエコー要求パケットを送信して応答を待ちます。

1回目がタイムアウトになったとしても、2回目以降は応答が返ってくることがあります。1回目のみタイムアウトになるのは、ARPの処理を行ってアドレス解決している間に時間切れになって失敗している可能性があります。

5
日目

3 コンピュータのネットワーク設定

5日目のおさらい

問題

Q1 インターネット上で使用可能なIPアドレスを選択してください。
（3つ選択）

A. 192.16.0.1　　B. 172.31.1.0　　C. 172.180.0.1
D. 10.0.0.1　　E. 192.168.1.1　　F. 200.0.0.1

Q2 NATを導入するメリットとして適切なものを選択してください。
（2つ選択）

A. IPアドレス空間を節約できる
B. 内部ネットワークのセキュリティを強化できる
C. 内部ネットワークのパケットをインターネット上へ効率よく転送
　　できる
D. IPアドレスを使用せずに名前で通信が可能になる

Q3 1つのグローバルIPアドレスを複数のプライベートIPアドレスで共有
して、インターネットへの同時接続を可能にする技術を選択してくだ
さい。

A. NAT　　　B. NAPT　　　C. GAT　　　D. NATP

Q4 IPv6アドレスの長さをビット数で記述してください。

Q5 IPv6アドレス「2001:0000:d850:00ac:0000:0000:0713:0010」を可能な限り省略して記述してください。

Q6 IPv6アドレスとして適切ではないものを選択してください。

A. ユニキャストアドレス   B. マルチキャストアドレス

C. ブロードキャストアドレス   D. エニーキャストアドレス

Q7 リンクローカルアドレスの定義として適切なものを選択してください。

A. ff00::/8   B. 2000::/3

C. ff02::2   D. fe80::/10

Q8 SLAACに関する説明として適切なものを選択してください。

A. DHCPv6サーバを利用してクライアントにIPv6アドレスを自動的に割り当てる

B. ルータはクライアントのIPv6アドレスを管理している

C. ルータは定期的にRSメッセージを送信する

D. ユーザのPCとルータの間でICMPv6のメッセージをやりとりする

解 答

A1　A、C、F

IPアドレスには「プライベートアドレス」と「グローバルアドレス」があります。プライベートIPアドレスは内部ネットワークで自由に使用できますが、インターネット上では使用できない（ルーティングされない）アドレスです。

プライベートIPアドレスの範囲は次のとおりです。

・クラスA……10.0.0.0 〜 10.255.255.255
・クラスB……172.16.0.0 〜 172.31.255.255
・クラスC……192.168.0.0 〜 192.168.255.255

選択肢B、D、EはプライベートIPアドレスであり、インターネット上では使用できません。A、C、Fはインターネット上で使用可能なグローバルIPアドレスです。

➡ P.191

A2　A、B

NATはIPアドレスを別のIPアドレスに変換する技術です。複数のプライベートIPアドレスで1つのグローバルIPアドレスを共有して変換することで、IPv4のアドレス空間を節約することができます。IPアドレスを変換する技術の総称を「NAT」といいます。NATにはさまざまな変換タイプがあり、NAPTもNATの機能のひとつといえます。

また、NATによって内部ネットワークのルート情報を外部へ通知する必要がなくなり、ネットワークセキュリティを強化することができます。

➡ P.192〜194

A3 B

1 つのグローバル IP アドレスを複数のプライベート IP アドレスで共有し、1 対多の変換を行う技術を **NAPT**（Network Address Port Translation）といいます（シスコでは PAT と呼ぶことがあります）。

→ P.195

A4 128ビット

IPv6 のアドレスは **128 ビット**であり、アドレス空間は IPv4 の 32 ビットから大幅に拡張されています。

→ P.201

A5 2001:0:d850:ac::713:10

IPv6 アドレスは 16 ビットごとにコロンで区切り、16 進数で表記します。各フィールドの先頭（左側）の 0 は省略が可能です。また、0 が連続するときは「::」に省略が可能です。

2001:0000:d850:00ac:0000:0000:0713:0010

省略　　　省略　　「::」に省略　省略　省略

→ P.201

A6 C

IPv6 のアドレスは「ユニキャスト」「マルチキャスト」「エニーキャスト」の 3 種類です。**ブロードキャストアドレスは廃止**され、マルチキャストアドレスを利用します。

→ P.204

A7 D

リンクローカルアドレス（リンクローカルユニキャストアドレス）は同じサブネット上でのみ通信可能なアドレスで「**fe80::/10**」で定義されています。

なお、「ff00::/8」はマルチキャストアドレス、「2000::/3」はグローバルユニキャストアドレスで定義されている範囲です。「ff02::1」は同じサブネット上のすべてのルータ宛てのマルチキャストアドレスです。

→ P.207

A8 D

SLAAC（ステートレスアドレス自動設定）は、DHCPv6サーバを用意せずにクライアントにIPv6アドレスを自動的に割り当てる方法です。

ICMPv6で定義されているRS（Router Solicitation）メッセージとRAメッセージ（Router Advertisement）をユーザのPCとルータ間でやりとりすることでIPv6アドレスを自動的に割り当てます。ルータは定期的にRAメッセージを送信し、プレフィックスやデフォルトゲートウェイの情報を広告します。

SLAACは「ステートレスな（状態を管理しない）自動設定」であり、ルータはクライアントのIPv6アドレスを管理しません。

→ P.212

6_{日目}

6日目に学習すること

1 Cisco機器への 管理アクセス

企業で多く利用されているCiscoのネットワーク機器への管理アクセスについて学びましょう。

2 Cisco機器の 基本操作

Cisco機器にパスワードやIPアドレスを設定し、ルーティングテーブルを確認します。

1 Cisco機器への 管理アクセス

☐ 設定を行う前の準備
☐ Cisco IOSソフトウェア

1-1 Cisco機器への管理アクセス

POINT!

・Cisco機器へ管理アクセスするには、コンソールまたはVTY接続する
・コマンド操作を行うにはターミナルソフトを使用する
・購入直後はコンソール接続で初期設定を行う
・コンソール接続をするには、機器と管理者PCを直接コンソールケーブルでつなぐ
・VTY接続するには、あらかじめ機器に設定が必要

「2日目」と「3日目」でスイッチとルータの機能について学習しました。「6日目」では、Cisco製のルータに初期設定をして内容を読み取るまでの一連の操作方法を紹介します。実機を操作する環境がない場合でもイメージをつかめるように詳しく説明します。

■ 設定を行う前の準備

ルータにIPアドレスを設定したり、インターフェイスの状態を確認したりといった操作を行うには、管理者のPCとルータを接続する必要があります。このように管理のためにネットワーク機器に接続することを管理アクセスといいます。

Cisco機器（ルータやスイッチ）を設定するには、管理アクセスする必要があります。アクセスするにはいくつか方法がありますが、一般的に行うのは次の2つです。

- **コンソール接続** …… 機器に物理的に装備されているコンソールポートとPCを専用ケーブルで直接接続する
- **VTY接続**………… 機器に仮想的に用意したVTYポートに、離れた場所からネットワークを介してTelnetまたはSSHで接続する

用語

コンソールポート
コンソールポートは、ルータやスイッチなどのネットワーク機器にPCを直接つないで管理者がアクセスするためのポートです。

● コンソール接続

　Ciscoルータを購入（または初期化）したときは、IPアドレスやパスワードが設定されていないため、IPネットワークを介したアクセスはできません。最初はコンソールポートを使ってルータとPCを接続する必要があります。このとき使用する専用のケーブルを**コンソールケーブル**（または**ロールオーバーケーブル**）といい、Cisco機器を購入すると付属してきます。

　コンソールケーブルの両端には、それぞれ異なる形状のコネクタが取り付けられています。RJ-45コネクタをCiscoルータのコンソールポートに接続し、DB-9（D型9ピン）コネクタをPC側のCOM（シリアル）ポートに接続します。ただし、最近のPCはDB-9コネクタを接続するためのCOMポートを装備していないことが多くなっています。このような場合は、USB変換ケーブルを用意します。

● コンソールケーブル

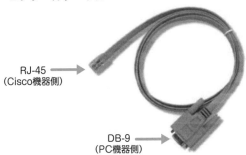

RJ-45
（Cisco機器側）

DB-9
（PC機器側）

●USB変換ケーブルを使用したコンソール接続

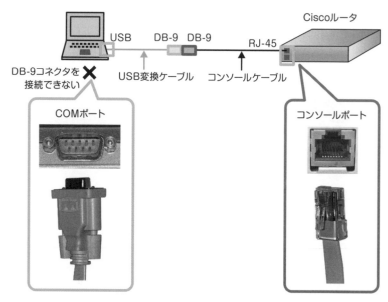

※最近のCisco機器には、USBタイプのコンソールポートを搭載した製品もあります。

● ターミナルソフト

　次に、管理者のPCからCiscoルータにコマンドを送信します。これには、ターミナルソフト（ターミナルエミュレータ）と呼ばれるソフトウェアを使って操作します。フリーソフトのTera Term[1]やPuTTYなどが一般的に使用されています。本書でもTera Termを使用します。

　Tera Termをインストールして起動すると、次のようなダイアログボックスが表示され、接続方法を選択できます。コンソール接続の場合は「シリアル」を選択し、ポートのドロップダウンリストはコンソールケーブルを接続しているCOMポート番号を選択し [OK] をクリックします。

※1　Tera Termは「窓の杜」などから無料でダウンロードできます。
　　　https://forest.watch.impress.co.jp/library/software/utf8teraterm/（URLは2021年1月現在）

● Tera Termの起動（コンソール接続の場合）

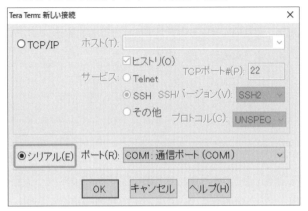

　この段階ではターミナル画面には何も表示されません。まだルータに電源が入っていないからです。

● ルータの起動

　ここまで準備ができたら、いよいよルータに電源を投入します。電源を入れると、ターミナル画面上にルータが起動してきた状態を示すメッセージが表示されてきます。ルータは起動時にハードウェア検査やOSの読み込みなどを行います。しばらく待っていると起動が完了し、最終的に次のように表示されます。

```
        --- System Configuration Dialog ---

Would  you  like  to  enter  the  initial  configuration dialog?
[yes/no]:
```

　上記のメッセージの末尾でカーソルが点滅します。これは「セットアップモードに入って設定を行いますか？」と聞いているのです。**セットアップモード**は、1つずつ質問に答えていく形で基本的な設定を完了できる対話式のモードです。

通常はコマンドを入力して設定を行うため、ここでも「no」（または「n」）を入力して [Enter] キーを押します。すると、インターフェイスの状態などが表示されるので、表示が止まったところで [Enter] キー押します。

画面には、次のような表示が現れます。

```
Router>
```

「Router」はCiscoルータのデフォルト（初期状態）のホスト名です。「>」はプロンプトです。ここからはCisco IOSソフトウェアのコマンド操作が必要になります。コマンド操作については、「VTY接続」のあとに説明します。

プロンプト

プロンプトとは、キーボードからコマンドを入力して操作を行うCLI（Command Line Interface）で、入力を待っている状態であることを示すマーク（記号）です。つまり、システムが「入力を待っていますよ〜」と示しているわけです。プロンプトの箇所に実行したいコマンドを入力して [Enter] キーを押します。

●VTY接続

「4日目」の「代表的なアプリケーション層のプロトコル」で、Telnetについて学習しました。Telnetは、離れた場所にある機器を遠隔操作するためのプロトコルでしたね。

Telnetのプロトコルを使用してCiscoルータに管理アクセスするには、VTY（仮想端末回線）と呼ばれるポートに接続します。VTYとは、ルータ内に用意される論理ポート[2]で、管理者はVTYを通してルータを離れた場所から操作することができます。論理ポートなので、コンソールのように物理的にケーブルで接続することはできません。

たとえば、次の図の例ではCiscoルータにVTYポートを5つ（0〜4）用意

※2 論理ポートとは、「4日目」のポート番号で学んだように、実際にケーブルを接続できる物理的なポートではなく、OSが機器の内部に用意するデータの出入り口です。

しています。同時に3人の管理者が同じルータにTelnet接続している様子を示しています。

● CiscoルータへのTelnet接続 (イメージ)

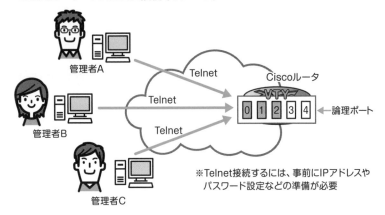

管理者A

Telnet

Ciscoルータ

論理ポート

管理者B

Telnet

Telnet

管理者C

※Telnet接続するには、事前にIPアドレスやパスワード設定などの準備が必要

なお、Telnet接続する場合にもターミナルソフトを使用します。Telnet接続の場合はTera Termのダイアログボックスで [TCP/IP] を選択し、[ホスト]の入力欄にCiscoルータのIPアドレスを入力します。[サービス] は 「Telnet」を選択し、[OK] をクリックします。

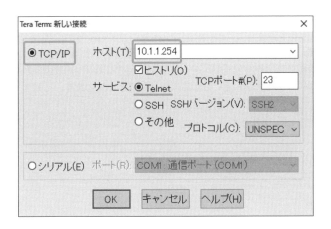

CiscoルータのVTYポートにTelnet接続するためには、ルータ側にあらかじめIPアドレスやパスワードを設定し、Telnetクライアントからの接続を受け入れるための準備が必要です。これらの設定は、「2　Cisco機器の基本操作」で説明します。

---

c　o　l　u　m　n

実際にCisco IOSコマンドを操作するには

このあと実際に、CLIのコマンド操作について基本的な項目の設定と確認方法を学習します。机上だけでも雰囲気はつかめると思いますが、実際にコマンドを入力して試してみると理解しやすいでしょう。

職場などに気軽に触ってみることができる機器があればよいですが、そのような環境がない方は、Cisco Packet Tracer（パケットトレーサー）の利用をお勧めします。

Cisco Packet Tracerは、Cisco Networking Academyが公開しているフリーのネットワークシミュレーションツールです。このソフトウェアをインストールして使用すると、ルータやL2/L3スイッチなどを配置して自由に仮想ネットワークを構築することができます。実機にあるすべてのコマンドを使用することはできませんが、CCNAレベルのコマンドであればほとんどが使用可能です。

Cisco Packet Tracerのインストール方法や操作方法の詳細は、以下のサイトなどを参照してください。

　https://www.netacad.com/ja/courses/packet-tracer

Cisco Packet Tracerについては、ダウンロード方法から具体的な使い方まで、インターネット上に多くの情報が公開されています。それらを参考にしてみるとよいでしょう。

1-2 Cisco IOSソフトウェア

POINT!

- ・ユーザモードから特権モードへ移行するにはenableコマンドを実行する
- ・プロンプトを見れば、現在のモードを確認することができる
- ・特権モードは詳細な設定と状態を確認することができる
- ・設定を行うには、まずグローバルコンフィギュレーションモードへ移行する

Cisco製のほとんどのルータとスイッチは、Cisco IOS（Internetwork Operating System）という、あらかじめ内蔵されている専用のソフトウェアを使用して制御しています。そのため、Cisco機器の設定を行うにはCisco IOSが提供するコマンドを実行します。

■ Cisco IOSのモード

Cisco IOSにはいくつかの「モード」があります。このモードによって、実行できるコマンドが異なります。いくら入力したコマンド書式が正しくても、モードが違うと実行したコマンドは反映されないので注意が必要です。なお、プロンプトの前には機器のホスト名が表示されます。
Cisco IOSの代表的なモードを以下の表に示します。

6日目

1 Cisco機器への管理アクセス

●Cisco IOSの代表的なモード

モード	プロンプト	説明
ユーザEXECモード	>	機器の状態を確認したりするモード。確認できる項目が制限されている
特権EXECモード	#	機器の設定や状態を確認できるモード。設定ファイルの操作やシステム再起動なども行える
グローバルコンフィギュレーションモード	(config)#	機器全体にかかわる設定を行うモード
インターフェイスコンフィギュレーションモード	(config-if)#	インターフェイスに関する設定を行うモード
ラインコンフィギュレーションモード	(config-line)#	コンソールやVTYポートに関する設定を行うモード
ルータコンフィギュレーションモード	(config-router)#	RIPやOSPFなどのルーティングに関する設定を行うモード

● ユーザEXECモード

ルータにログインして最初に表示されるのが**ユーザEXECモード（ユーザモード）**です。ユーザEXECモードでは、ルータのインターフェイスの状態を確認したり、pingやtelnetコマンドを実行したりすることができますが、コマンドの多くは制限されています。ユーザモードのプロンプトは「>」です。

ユーザEXECモードで**enable**コマンドを実行すると、次のように特権EXECモードに移ることができます。

●ユーザモードから特権モードへの移行

```
Router>enable [Enter]
Router# ◀──── 特権モードのプロンプト
```

これで特権EXECモードへ移行できました。

プロンプトの記号が「#」に変わっていることに注目してください。Cisco IOSを操作するときには、プロンプトを見れば現在のモードがわかるようになっています。なお、再びユーザモードに戻るには**disableコマンド**を使用します。

● 特権EXECモード

　ユーザモードと違って、制限がなく詳細な情報を確認できるのが**特権EXECモード**(**特権モード**)です。プロンプトは「**#**」です。このモードでは、ルータの設定ファイルのコピーや消去、システムの再起動なども行えます。ただし、設定の追加や変更を行うにはグローバルコンフィギュレーションモードに移る必要があります。

● さまざまなコンフィギュレーションモード

　Ciscoルータに対して設定を行うには、コンフィギュレーションモードに移る必要があります。コンフィギュレーションモードは、何の設定をするかに応じてさまざまなモードがあります。

　グローバルコンフィギュレーションモードは、機器全体にかかわる設定を行うモードです。たとえば、機器のホスト名やバナー（ログイン時に表示するメッセージ）などを設定します。グローバルコンフィギュレーションモードのプロンプトは「**(config)#**」です。

　グローバルコンフィギュレーションモードに移行するには、特権EXECモードからconfigure terminalコマンドを実行します。

●特権モードからグローバルコンフィギュレーションモードへの移行

```
Router#configure terminal [Enter]
Router(config)# ◀──── グローバルコンフィギュレーションモード
```

　これでグローバルコンフィギュレーションモードへ移行できました。プロンプトが「(config)#」に変わりましたね。このモードで、初めて設定ができるようになります。

　それでは、ホスト名を変更してみましょう。ホスト名を変更するコマンドは、hostname <ホスト名>です。< >で囲んだ部分には「ホストの名前をここに入れる」という意味です。今回は「R1」というホスト名で設定してみましょう。

6日目

1 Cisco機器への管理アクセス

●ホスト名の設定

```
Router(config)#hostname R1 Enter
R1(config)#
```

　これでホスト名が「Router」から「R1」に変更できました。プロンプトより前の手前部分が「R1」に変わったことで確認できます。

　最初にグローバルコンフィギュレーションモードへ移行したら、あとは各種コンフィギュレーションモードへ移ることができます。たとえば、設定対象がインターフェイスの場合にはインターフェイスコンフィギュレーションモード、ルーティングプロトコルの場合にはルータコンフィギュレーションモードに移行します。

●インターフェイスコンフィギュレーションモードへの移行

```
R1(config)#interface fastethernet 0 Enter
R1(config-if)# ◀ ── インターフェイスコンフィギュレーションモード
```

※この例では、FastEthernetインターフェイスの番号0を指定しています。

●ルータコンフィギュレーションモードへの移行

```
R1(config)#router rip Enter
R1(config-router)# ◀ ── ルータコンフィギュレーションモード
```

※この例では、ルーティングプロトコルRIPを指定しています。

　各種コンフィギュレーションモードでの設定が完了したあと、設定した内容を確認するには特権EXECモードに戻る必要があります。
　exitコマンドを実行すると、1つだけ階層レベルの浅いモードに戻ります。グローバルコンフィギュレーションモードでexitコマンドを実行した場合には、特権EXECモードに戻ります。

● exitコマンドで特権EXECモードに戻る

```
R1(config-router)#exit [Enter]
R1(config)#exit [Enter]
R1# ◀── 特権EXECモード
```

endコマンドを使用すると、どのコンフィギュレーションモードからでも1回のコマンド操作で特権EXECモードまで戻ることができます。

● endコマンドでルータコンフィギュレーションモードから**特権EXECモード**に戻る

```
R1(config-router)#end [Enter]
R1# ◀── 特権EXECモード
```

参考

イーサネットインターフェイスの名前

Ciscoでは、イーサネットインターフェイスを識別するため、通信速度によって次のように名前をつけています。

インターフェイス名	通信速度
Ethernet（イーサネット）	10Mbps
FastEthernet（ファストイーサネット）	100Mbps
GigabitEthernet（ギガビットイーサネット）	1Gbps
TenGigabitEthernet（10ギガビットイーサネット）	10Gbps

6
日目

1 Cisco機器への管理アクセス

ここまでの各モードの移行を次の図にまとめます。

● Cisco IOSモードの移行

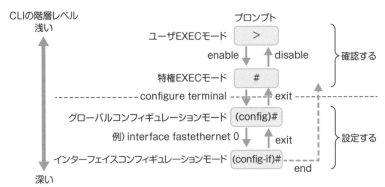

※ ラインコンフィギュレーションモード、ルータコンフィギュレーションモードは、
　　インターフェイスコンフィギュレーションモードと同じ階層レベルです。

重要

Cisco機器を操作するためにはIOSモードの理解が不可欠です。不適切なモードでコマンドを実行した場合にはエラーメッセージが表示され、その設定は適用されません。モードの違いをしっかり理解し、コマンドを入力する際にはプロンプトを意識しましょう。

資格

CCNA試験では、正しいコマンドを選択する問題が出題されます。プロンプトが間違っていないか、しっかりチェックしましょう。

c o l u m n

Cisco機器のアイコン

シスコは、ルータやスイッチをはじめとするさまざまなネットワーク機器を販売しています。それらの機器は独自のアイコンで示されます。CCNAは幅広い業務に対応するアソシエイトレベルの認定として、企業のネットワークで使われるさまざまな機器の知識が問われます。CCNA試験に備えるためにも、まずは主要なアイコンを確認しておきましょう。

・レイヤ2スイッチ
LAN内でエンドデバイス（PCやサーバなど）の接続に使用される集線装置（2日目を参照）

・ルータ
複数のネットワークを接続して異なるネットワークへの通信を提供するレイヤ3デバイス（3日目を参照）

・レイヤ3スイッチ
LAN内で異なるネットワークへの通信を提供するルーティング機能を持つスイッチ（3日目を参照）

・アクセスポイント
無線LANクライアントを相互に接続したり、ほかのネットワーク（有線LANやインターネット）に接続するための機器（7日目を参照）

・無線LANコントローラ（WLC）
複数台の無線LANアクセスポイントを集中管理するための機器（7日目を参照）

2 Cisco機器の基本操作

☐ パスワードの設定
☐ IPアドレスの設定
☐ 設定の確認と保存
☐ ルーティングテーブルの確認

2-1 パスワードの設定

POINT!

・ルータにログインする際のパスワードは、コンソールやVTYのライン
に対して設定を行う
・イネーブルパスワードは特権EXECモードに入るためのパスワード
・enable secretコマンドはイネーブルパスワードを暗号化し、
enable passwordコマンドの設定よりも優先される

　ルータやスイッチへのアクセスを保護する (不正にアクセスされないようにする) ことは、ネットワーク全体のセキュリティ向上につながります。まずは、コンソールパスワードとVTYパスワードを設定し、それぞれのライン (ポート) からログインする際にパスワード入力を要求し、認証が成功した場合にのみログインを許可するように設定します。これによって、誰もがルータに管理アクセスできないように制限します。

■ コンソールパスワード

　コンソールポート（ライン）に対するパスワードをコンソールパスワードといいます。コンソールパスワードを設定するには、ラインコンフィギュレーションモードに移行する必要があります。

　コンフィギュレーションモードでline console 0コマンドを実行します。コンソールポートは1つだけしかなく、ライン（ポート）番号には常に0番を指定します。

　ラインコンフィギュレーションモードに移行したら、password <パスワード>コマンドを使用して、ログイン時に要求するパスワードを設定します。パスワードの文字列は大文字と小文字が区別されるので注意が必要です。

　続いて、loginコマンドを実行します。loginはパスワード認証を有効にするためのコマンドです。no loginはパスワード認証を無効にします。no loginの状態では、たとえパスワードを設定したとしてもログイン時にパスワードを問われずに認証なしでログインできてしまいます。

　設定例を見てみましょう。

● コンソールパスワードの設定例

```
R1>enable Enter     ← 特権モードへ移行
R1#configure terminal Enter ← グローバルコンフィギュレーションモードへ移行
R1(config)#line console 0 Enter ← ラインコンフィギュレーションモードへ移行
R1(config-line)#password cisco Enter ← パスワードを「cisco」に設定
R1(config-line)#login Enter ← パスワード認証を有効にする
R1(config-line)#end Enter ← 設定が完了したので特権モードに戻る
R1#
```

　以上で、コンソールパスワードの設定が完了しました。実際に確認してみましょう。

6日目

2 Cisco機器の基本操作

```
R1#exit Enter ◄──── コンソール接続を切断


R1 con0 is now available




Press RETURN to get started.

Enter ◄──── Enter キーを押して再び接続を開始

User Access Verification

Password: ◄──── パスワードを入力し Enter
R1> ◄──── 認証が成功し、ユーザEXECモードのプロンプトが表示
```

　このように、いったんコンソール接続を切断して再接続するとパスワードを問われたので、パスワード認証が有効化されていることがわかりますね。「Password:」のところでカーソルが点滅します。設定したパスワード「cisco」を入力して Enter キーを押します。「R1>」のユーザEXECモードが表示され、コンソールパスワードの設定が正しくできたことを確認できました。

注意

　パスワードを入力しても、画面上には何も表示されません。ここで慌てないでください。セキュリティのため表示されないのですが、キー入力は認識されているので、そのままパスワードを入力して Enter キーを押してください。なお、ログイン試行は3回まで許可しています。パスワードを3回間違えると、パスワード要求のプロンプトが表示されなくなります。その場合は、もう一度 Enter キーを押して正しいパスワードを入力します。

■ VTYパスワード

VTY（仮想端末回線）に対するパスワードを**VTYパスワード**といいます。VTYパスワードの設定手順は、基本的にコンソールパスワードと同じです。ただし、VTYは論理ポートであり、複数のポートを作成して使用できます。ポートの数だけ同時にTelnet接続を受け入れることができますが、Telnet接続するホストからライン番号（ポートに付けられた番号）は選べないため、使用するすべてのライン（ポート）に同じパスワードを設定します。

設定例を見てみましょう。今回は同時に5つのVTYポートに対してパスワードを設定しています。つまり、同時に5つのVTY接続を許可します。

●VTYパスワードの設定例

```
R1#configure terminal [Enter]
R1(config)#line vty 0 4 [Enter] ← 0～4（合計5つ）のラインコンフィギュレーションモードへ移行
R1(config-line)#password ccna [Enter] ← パスワードを「ccna」に設定
R1(config-line)#login [Enter] ← パスワード認証を有効にする
R1(config-line)#end [Enter] ← 設定が完了したので特権モードに戻る
R1#
```

以上で、VTYパスワードの設定が完了しました。2行目のコマンドでは次の設定をしています。

最後のライン番号（省略すると、先頭で指定した1つのラインのみ設定）

(config-line)#line vty 0 4

先頭のライン番号

なお、VTYポートの最大数は機器やIOSソフトウェアによって異なります。

> **参考**　Cisco IOSでは、設定した内容を変更するには、同じコマンドを使って実行し直すことで上書きします。設定した内容を削除するには、同じコマンドの先頭にnoを付けて実行します。

```
R1(config)#hostname R2 Enter ← ホスト名をR1からR2へ変更
R2(config)#no hostname Enter ← ホスト名を削除
Router(config)# ← R2というホスト名は削除され、
                   デフォルトのRouterに戻る
```

■ イネーブルパスワード

　イネーブルパスワードは、ユーザEXECモードから特権EXECモードへ移行するときに要求するパスワードです。特権EXECモードに入れば、ルータの詳細な設定を見ることも、各種コンフィギュレーションモードに移行して設定を変更することもできてしまいます。そのため、セキュリティの観点からイネーブルパスワードを設定しておくことはとても重要です。

　イネーブルパスワードを設定するには、グローバルコンフィギュレーションモードで**enable password <パスワード>**コマンドを実行します。今回はパスワードを「Cisco123」と設定してみましょう。

● イネーブルパスワードの設定例

```
R1#configure terminal Enter
R1(config)#enable password Cisco123 Enter ← パスワードを「Cisco123」に設定
R1(config)#exit Enter
R1#
```

　この設定を行ったあと、ユーザEXECモードでenableコマンドを実行するとパスワードを問われます。「Cisco123」を入力することで特権EXECモードに移行できるようになります。実際に確認してみましょう。

● イネーブルパスワードの確認

```
R1#disable [Enter]  ◄────  特権EXECモードからユーザEXECモードに移行
R1>enable [Enter]
Password:  ◄────  パスワードを入力
R1#
```

イネーブルパスワードを設定したので、enableコマンドを実行するとパスワードが要求されるようになりました。

ここまでのところで、3つのパスワードを設定しました。次の図で、各種パスワードの全体像を把握しておきましょう。

● 各種パスワードの設定

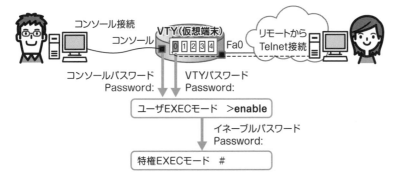

Telnetによる管理アクセスにはパスワードが必要

Ciscoルータはデフォルトで5つのVTY（0〜4）に対してloginコマンドが設定され、パスワード認証が有効になっていますが、初期状態ではパスワードはありません。このままの状態でルータにTelnet接続を試みると、「Password required, but none set」メッセージが表示され、接続は拒否されてしまいます。このように、VTYでは最初からパスワード認証が有効になっているため、Telnet接続が必要な場合にはパスワードの設定を忘れずに行いましょう。

● イネーブルパスワードの暗号化

　実は、これまでに学習した各種パスワードはすべて、クリアテキスト（平文）のままルータの設定ファイルに書き込まれてしまいます。このままでは、設定ファイルを表示したときに、背後から画面を覗かれてパスワードを盗み見られる危険性があります。

　そこで、enable passwordコマンドの代わりにenable secretコマンドを使用します。enable secretコマンドは、イネーブルパスワードを保存する際に暗号化するので、設定したパスワードが表示されていても、実際のパスワードを判別することはできません。

●enable secretコマンドの設定例

```
Router(config)#enable password cisco [Enter]
Router(config)#enable secret ccna [Enter]
Router(config)#exit [Enter]
Router#show running-config | include enable [Enter]
enable secret 5 $1$I2wR$OaFMJlEcb1P67/JfwIWTc0
enable password cisco
Router#
```

出力の中で「enable」を含む行のみ表示

パスワードはクリアテキスト（平文）のまま

パスワードは暗号化されている

4行目のshow running-configコマンドについては、「2-3　設定の確認と保存」で学習します。

5行目の「enable secret」の後ろの「5」は、MD5というアルゴリズムで暗号化していることを示しています。MD5によって生成された値を復号して元に戻すことはできません。

今回の例では、比較するために2種類のイネーブルパスワードを設定していますが、実際の環境ではenable secretコマンドのみを設定します。今回のように2種類のイネーブルパスワードを設定した場合、特権EXECモードに入る際は、enable secretで設定したパスワード（今回の例では「ccna」）でのみ認証は成功します。つまり、enable secretの方が優先されます。

6
日目

2 Cisco機器の基本操作

2-2 IPアドレスの設定

POINT!

・インターフェイスにIPアドレスを設定するには、対象インターフェイスのコンフィギュレーションモードに移行する

・ip address <IPアドレス> <サブネットマスク>コマンドを使用する

・ルータのインターフェイスはデフォルトで無効になっているため、no shutdownコマンドで有効にしなければならない

■ IPアドレスを設定する

インターネット層の機器であるルータは、複数のネットワークを相互に接続してIPパケットを転送します。そのため、ネットワークに接続するそれぞれのインターフェイスに対して、異なるサブネットのIPアドレスを設定しなければなりません。

● 異なるサブネットのIPアドレスを設定

サブネット：172.16.1.0/24　　　　　サブネット：172.16.2.0/24

ルータ

FastEthernet0インターフェイス　　FastEthernet1インターフェイス
IPアドレス：**172.16.1.1/24**　　　　IPアドレス：**172.16.2.1/24**

IPアドレスを設定するには、次の手順でコマンドを実行します。

① 設定対象のインターフェイスコンフィギュレーションモードに移行する

```
(config)#interface <インターフェイスタイプ> <ポート番号>
```

インターフェイスタイプには、インターフェイス名を指定します。

ポート番号には、インターフェイスの番号を指定します。機器によっては、次のようにスロット番号が必要な場合もあります。

② IPアドレスを設定する

```
(config-if)#ip address 〈IPアドレス〉 〈サブネットマスク〉
```

サブネットマスクは、255.255.255.0の形式で指定します。/24のようなプレフィックス表記は使用できません。

③ インターフェイスを有効にする

```
(config-if)#no shutdown
```

ルータのインターフェイスにはデフォルトの状態でshutdownコマンドが設定され、管理上無効になっているため、ケーブルを接続しても通信はできません。通信するインターフェイスにはno shutdownコマンドを実行して有効にする必要があります。

それでは、次の図を参考にしてR1ルータの2つのインターフェイスにIPアドレスを設定してみましょう。

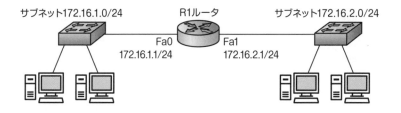

● ルータのIPアドレス設定例

```
R1#configure terminal [Enter]
R1(config)#interface fastethernet 0 [Enter]     ← Fa0のインターフェイスコン
                                                   フィギュレーションモードに移行
R1(config-if)#ip address 172.16.1.1 255.255.255.0 [Enter] ← IPアドレス
                                                             を設定
R1(config-if)#no shutdown [Enter]   ← インターフェイスの有効化
R1(config-if)#interface fastethernet 1 [Enter] ←
R1(config-if)#ip address 172.16.2.1 255.255.255.0 [Enter]
R1(config-if)#no shutdown [Enter]
R1(config-if)#end [Enter]            Fa1のインターフェイスコン
R1#                                  フィギュレーションモードに移行
```

　このように、ルータのインターフェイスにIPアドレスが設定され、有効になると、ルーティングテーブルには直接接続ルートのエントリが登録されます。その結果、Fa0とFa1の2つのインターフェイス間でパケットをルーティングできるようになります。

次の①～④の説明に該当するCisco IOSのコマンドを選びなさい。

［説明］
① 特権EXECモードからグローバルコンフィギュレーションモードへ移行する
② ルータに名前を設定する
③ インターフェイスを有効にする
④ パスワード認証を有効にする

A. shutdown　　　　　B. password　　　　　C. configure terminal

D. enable　　　　　　E. terminal　　　　　F. login

G. hostname　　　　　H. no shutdown

- -

①は「configure terminal」、②は「hostname」、③は「no shutdown」、④は「login」が該当します。

③については、インターフェイスを管理的に無効にするコマンドが「shutdown」、有効にするコマンドが「no shutdown」です。noが付いている方が有効になるのでややこしいですが、「ダウンしている状態を取り消す」と覚えましょう。

正解　①C　②G　③H　④F

コマンドの省略

Cisco IOSのCLIは、コマンドの一部を省略することができます。たとえば、configure terminalコマンドはconf tのように、すべての文字を入力せずに実行が可能です。コマンドを省略する際、IOSがコマンドを一意に区別できる長さまで入力する必要があります。入力した文字数が少なくて区別できなかった場合には、「% Ambiguous command:（コマンドが曖昧）」というエラーメッセージで教えてくれます。

前ページの設定例で示したように、ルータの2つのインターフェイスにIPアドレスを設定するのを省略形で行うと、次のようになります。

● 検索 (フィルタ) 機能の例

```
R1#conf t Enter
R1(config)#int f0 Enter
R1(config-if)#ip add 172.16.1.1 255.255.255.0 Enter
R1(config-if)#no sh Enter
R1(config-if)#int f1 Enter
R1(config-if)#ip add 172.16.2.1 255.255.255.0 Enter
R1(config-if)#no sh Enter
R1(config-if)#end Enter
R1#
```

このように省略形を利用すると、入力の手間が大幅に減って素早く設定や管理の作業を終えることができます。

6日目

2 Cisco機器の基本操作

スロット番号

シスコのルータおよびスイッチには多数の製品群があり、ネットワークの規模、機能や形状によってボックス型とシャーシ型に分類されています(詳しくはシスコのホームページをご覧ください)。

●ボックス(固定)型
インターフェイスが固定されています。購入時に必要なインターフェイスのタイプと数を持つ機器を選択します。シャーシ型に比べて拡張性がありません。スロットは存在しません。

●シャーシ(モジュール)型
ボックス型を複数積み重ねたような外観です。スロットには多数のインターフェイスを持つカードが装着され、必要に応じた交換や拡張が可能です。サービスプロバイダーやデータセンターなど大規模ネットワークで使用されます。

※ ボックス型のように小型の機器にスロットが用意され、拡張モジュールを装着できる製品もあります。

シャーシ型の機器では、インターフェイスコンフィギュレーションモードに移行する際にスロット番号を指定する必要があります。
また、ボックス型では、機器によってスロット番号なし(ポート番号のみ)または、スロット番号「0」を指定しなければならないことがあります。

2-3 設定の確認と保存

POINT!

・showコマンドで、機器の設定や状態を確認する

・稼働中の設定情報の確認は、show running-config

・保存している設定の確認は、show startup-config

・インターフェイス状態の確認は、show interfaces

・現在の設定を保存するには、copy running-config startup-config

6
日目

2 Cisco機器の基本操作

■ 現在の設定を確認する

Cisco IOSで設定や状態を確認するときに使用するのが、showコマンドです。showは確認するためのコマンドなので、ユーザEXECモードまたは特権EXECモードで実行します。showの後ろには、何を表示したいのかを示す「キーワード」を指定します。特権EXECモードの方が多くのキーワードを指定できるため、showコマンドは基本的に特権EXECモードで行います。

これまで学習したパスワードやIPアドレスの設定情報は、ルータが保持しているrunning-configというファイルに書き込まれます。running-configは、機器の動作中に使用するコンフィギュレーション（設定）ファイルです。設定した内容のほとんどがこのファイルに自動保存されます。たとえば、ホスト名、各種パスワード、IPアドレスの設定はすべてrunning-configに保存されています。ただし、コマンド書式が不適切だったり、設定する際のモードが間違っていたりすると、当然ながらファイルには格納されません。また、IPアドレスが間違っていると、ルーティングトラブルの原因にもなります。設定したら必ず確認する習慣をつけましょう。

このファイルの内容を確認するには、特権EXECモードでshow running-configコマンドを実行します。

それでは、show running-configコマンドを実行してみましょう。

●show running-configコマンドの出力例

```
R1#show running-config [Enter]
Building configuration...

Current configuration : 1306 bytes
!
! Last configuration change at 12:05:17 UTC Mon Jan 2 2006
version 15.1
service timestamps debug datetime msec
service timestamps log datetime msec
no service password-encryption
!
hostname R1
!
boot-start-marker
boot-end-marker
!
!
enable password Cisco123
!
no aaa new-model
!
crypto pki token default removal timeout 0
!
!
dot11 syslog
ip source-route
 --More--
```

1画面分の情報が出力されたところで画面下に「--More--」が表示されて停止します。これは、出力情報が多いため1画面分では収まりきらず、続きがあることを意味しています。

「--More--」が表示された場合は、次のいずれかのキーを押します。

・スペースキー ……………… 次の1画面分の情報を表示する（デフォルトは24行）
・[Enter]キー…………………… 次の1行分の情報を表示する
・それ以外の任意のキー …… 情報の表示を中断する

まず、スペースキーを押してみましょう。

```
!
!
!
!
!
ip cef
no ipv6 cef
!
multilink bundle-name authenticated
!
!
!
license udi pid CISCO1812-J/K9 sn FHK111413WM          続きの1画面を表示
!
!
!
!
!
!
!
!
interface BRI0
 no ip address
 --More--          続きがあることを示している
```

6
日目

2

Cisco機器の基本操作

続きの1画面分の情報を表示すると、さらに「--More--」が表示されました。
今度は Enter キーを押してみます。

```
!
interface BRI0
 no ip address
 encapsulation hdlc          続きの1行を表示
 --More--          続きがあることを示している
```

続きの1行分の情報が表示され、さらに「--More--」が表示されています。
スペースキーを押して、もう1画面分の続きを表示します。

```
!
!
interface BRI0
 no ip address
 encapsulation hdlc
 shutdown
!
interface FastEthernet0
 ip address 172.16.1.1 255.255.255.0
 duplex auto
 speed auto
!
interface FastEthernet1
 ip address 172.16.2.1 255.255.255.0
 duplex auto
 speed auto
!
interface FastEthernet2
 no ip address
!
interface FastEthernet3
 no ip address
!
interface FastEthernet4
 no ip address
!
interface FastEthernet5
 no ip address
!
interface FastEthernet6
  --More--
```

続きの1画面を表示

続きがあることを示している

　さらに「--More--」が表示されています。出力が長いのでスペースキーを3回押して最後まで表示してみましょう。

```
!
!
!
line con 0
 password cisco
 login
line aux 0
line vty 0 4
 password ccna
 login
 transport input all
!
end  ←  最後の出力行

R1#
```

　出力が最後まで終了すると、再び特権EXECモードのプロンプトが表示されました。
　設定した以外の内容も表示されましたが、今回は設定したホスト名、パスワード、インターフェイスのIPアドレスの部分が確認できればよいでしょう。

　show running-configの出力内容から抜粋したものを次に示します。

6日目

2 Cisco機器の基本操作

```
hostname R1 ◄────── ホスト名
!
enable password Cisco123 ◄────── イネーブルパスワード（暗号化なし）
!
!
interface FastEthernet0
 ip address 172.16.1.1 255.255.255.0 ───── Fa0インターフェイスのIPアドレス
!                                            ※shutdown行がないので、このインターフェ
                                              イスは有効
interface FastEthernet1
 ip address 172.16.2.1 255.255.255.0 ───── Fa1インターフェイスのIPアドレス
!                                            ※shutdown行がないので有効
!
line con 0
 password cisco ───── コンソールポートのパスワードと認証の有効化
 login
line vty 0 4
 password ccna ───── VTY0～4（5ポート）のパスワードと認証の有効化
 login
```

　なお、「!」の行は、出力が詰まっていると見づらいため、項目ごとに間隔を空け
て読みやすくするために入れられています。

出力の検索（フィルタ）

showコマンドで表示される内容が多いときには、検索（フィルタ）機能を使って特定の情報のみ表示したり、指定した位置から出力を開始したりできます。この機能を利用すると、管理者は確認したい部分を効率よく見つけることができます。

検索機能を実行するには、コマンドの後ろに「|（パイプ）」を付け、次のようなキーワードと検索文字列を入力します。「|」の前後には半角スペースが必要です。

キーワード	説明
begin	検索文字列に一致した行から表示する
include	検索文字列に一致した行のみ表示する
section	検索文字列を含むセクションを表示する

6日目

2 Ciscо機器の基本操作

● 検索（フィルタ）機能の例

```
R1#show running-config | begin line  Enter
line con 0
 password cisco                      「line」に一致した
 login                               行から表示
line aux 0
line vty 0 4
 password ccna
 login
 transport input all
!
end                                  「enable」に一致
                                     した行のみ表示
R1#show running-config | include enable  Enter
enable password Cisco123
R1#show running-config | section Ethernet0  Enter
interface FastEthernet0
 ip address 172.16.1.1 255.255.255.0  「Ethernet0」
 duplex auto                         のセクション
 speed auto                          表示
R1#
```

■ インターフェイスの詳細情報を確認する

　インターフェイスにIPアドレスを設定し有効化しても、そのインターフェイスが通信可能な状態になっているとは限りません。show running-configコマンドは、設定を表示するだけで、インターフェイスの状態までは表示しません。インターフェイスの詳細な情報を確認したい場合は、**show interfaces ＜インターフェイスタイプ＞ ＜ポート番号＞**コマンドを使用します。インターフェイスタイプとポート番号を指定せずに実行することも可能です。その場合は、すべてのインターフェイスが表示されます。

　それでは、今回はR1ルータのFastEthernet0インターフェイスの詳細な情報を確認してみましょう。

● show interfacesコマンドの出力例

```
R1#show interfaces fastethernet 0 [Enter]
FastEthernet0 is up, line protocol is up ◄━━ インターフェイスの状態
  Hardware is PQ3_TSEC, address is 001b.5492.76a0 (bia 001b.5492.76a0)
  Internet address is 172.16.1.1/24 ◄━━ IPアドレス
  MTU 1500 bytes, BW 100000 Kbit/sec, DLY 100 usec,          MACアドレス
    reliability 255/255, txload 1/255, rxload 1/255
  Encapsulation ARPA, loopback not set
  Keepalive set (10 sec)
  Full-duplex, 100Mb/s, 100BaseTX/FX
  ARP type: ARPA, ARP Timeout 04:00:00
  Last input 00:00:00, output 00:00:00, output hang never
  Last clearing of "show interface" counters never
  Input queue: 0/75/0/0 (size/max/drops/flushes); Total output drops: 0
  Queueing strategy: fifo
  Output queue: 0/40 (size/max)
  5 minute input rate 1000 bits/sec, 1 packets/sec
  5 minute output rate 1000 bits/sec, 1 packets/sec
     279 packets input, 29466 bytes
     Received 153 broadcasts (0 IP multicasts)
     0 runts, 0 giants, 0 throttles
     0 input errors, 0 CRC, 0 frame, 0 overrun, 0 ignored
     0 watchdog
     0 input packets with dribble condition detected          パケットの
     94 packets output, 7611 bytes, 0 underruns               統計情報
     0 output errors, 0 collisions, 2 interface resets
     12 unknown protocol drops
     0 babbles, 0 late collision, 0 deferred
     0 lost carrier, 0 no carrier
     0 output buffer failures, 0 output buffers swapped out
R1#
```

6
日目

2

Cisco機器の基本操作

show interfacesコマンドの出力で必ず確認したいのが、1行目の「FastEthernet0 is up, line protocol is up」です。「,（カンマ）」の左側は、このインターフェイスが「レイヤ1（物理層）のレベルで正常に機能している」ことを示しています。右側は、「レイヤ2（データリンク層）のレベルで正常に機能している」ことを示しています。

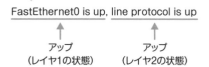

たとえば、インターフェイスが管理上無効（shutdown）になっている場合、次のように表示されます。

ケーブルが外れていたり、接続先の機器の電源がオンになっていなかったりすると、レイヤ1がダウンするため、次のように表示されます。

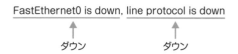

イーサネットインターフェイスであれば、2行目にMACアドレス、3行目にIPアドレスとプレフィックス（サブネットマスク）が表示されます。

> **重要**
>
> インターフェイスの状態を確認することはとても重要です。レイヤ1とレイヤ2の両方がアップになると、データ通信は可能になります。ルータのインターフェイスはデフォルトでshutdownになっています。インターフェイスを使用する際には、no shutdownコマンドを忘れないようにしましょう。

■ 設定ファイルを保存する

Cisco IOSはrunning-configとstartup-configという2つのコンフィギュレーション設定ファイルによってデバイスの設定を管理しています。

コマンドによって設定した内容が更新されるのはrunning-configです。running-configは揮発性[3]のRAM[4]上に存在するため、いったん電源を切ってしまうと内容はすべて消去されます。せっかく設定をしても、ルータを再起動するたびに初期状態からやり直すのでは管理がとても面倒になるので、設定を行って確認ができたら必ずstartup-configに保存します。startup-configは不揮発性メモリのNVRAM[5]に保存されます。電源を切っても内容が消えてしまうことはありません

● running-configとstartup-config

ファイル名	説明	保存場所
running-config	動作中に使用する設定情報。設定した内容は自動的に書き込まれる	RAM
startup-config	起動（スタート）時に読み込まれる設定情報。管理者が手動で保存する必要がある	NVRAM

※3　揮発性とは、電源が供給されなくなると記憶内容が消える性質のことです。

※4　RAM（Random access memory）は、コンピュータの主記憶装置であるメモリの一種です。

※5　NVRAM（Non-Volatile RAM）は不揮発性メモリの総称です。

6
日目

2
Cisco機器の基本操作

ルータの現在の設定であるrunning-configをstartup-configとしてNVRAMに保存するには、特権EXECモードでcopy running-config startup-configコマンドを実行します。実際に実行してみましょう。

● copy running-config startup-configコマンドの実行例

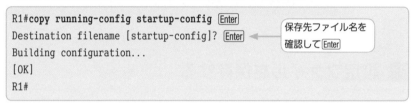

```
R1#copy running-config startup-config Enter
Destination filename [startup-config]? Enter   ◀── 保存先ファイル名を
Building configuration...                           確認してEnter
[OK]
R1#
```

　copy running-config startup-configコマンドを入力してEnterキーを押すと、次の行では保存先ファイル名を問われます。[ ] カッコ内の文字列がstartup-configになっているのを確認し、Enterキーを押して実行します。コピーが正常に終われば [OK] の表示が出て保存は完了です。これでNVRAMに保存されたので、次回起動時には現在の設定のままルータを利用することができます。

● 設定ファイルの管理

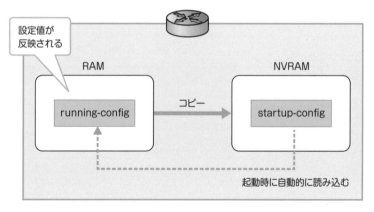

　NVRAMに保存された設定を確認するには、特権EXECモードでshow startup-configコマンドを実行します。

2-4 ルーティングテーブルの確認

POINT!

- ・ルーティングテーブルの確認は、show ip route
- ・エントリの先頭には、ルートの情報源を示すコードがある
- ・直接接続ルートのコードは「C」と表示される
- ・パケットの転送先は、ロンゲストマッチの規則で決定する
- ・ルータは宛先に該当するエントリがない場合、パケットを破棄する

■ ルーティングテーブルを確認する

ルータのインターフェイスにIPアドレスを割り当てて通信可能な状態になると、そのインターフェイスに接続されているネットワークは自動的にルーティングテーブルにエントリとして登録されます。

ルーティングテーブルを確認するには、show ip routeコマンドを使用します。

それでは、show ip routeコマンドを実行してみましょう。

6日目

2 Cisco機器の基本操作

● show ip routeコマンドの出力例

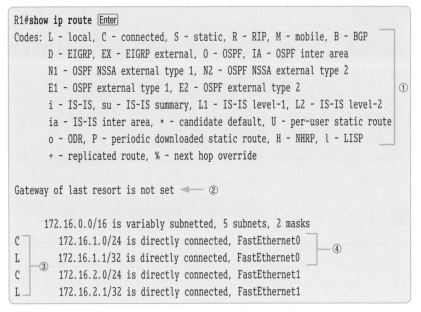

```
R1#show ip route Enter
Codes: L - local, C - connected, S - static, R - RIP, M - mobile, B - BGP
       D - EIGRP, EX - EIGRP external, O - OSPF, IA - OSPF inter area
       N1 - OSPF NSSA external type 1, N2 - OSPF NSSA external type 2
       E1 - OSPF external type 1, E2 - OSPF external type 2          ①
       i - IS-IS, su - IS-IS summary, L1 - IS-IS level-1, L2 - IS-IS level-2
       ia - IS-IS inter area, * - candidate default, U - per-user static route
       o - ODR, P - periodic downloaded static route, H - NHRP, l - LISP
       + - replicated route, % - next hop override

Gateway of last resort is not set  ←─ ②

      172.16.0.0/16 is variably subnetted, 5 subnets, 2 masks
C        172.16.1.0/24 is directly connected, FastEthernet0
L        172.16.1.1/32 is directly connected, FastEthernet0     ④
    ③
C        172.16.2.0/24 is directly connected, FastEthernet1
L        172.16.2.1/32 is directly connected, FastEthernet1
```

出力内容を見ていきます。

① どのようにして登録したか「ルートの情報源」を示すコードの一覧です。

② デフォルトルートの情報です。「not set」はデフォルトルートが存在しないこ
とを示しています。

③ ルートの「情報源」を示すコードです。

  ・C: connectedの略で、「直接接続されているネットワーク」を示す

  ・L: localの略で、「インターフェイスに割り当てられたIPアドレス」を示す

④ ルータに直接接続されたネットワークのエントリです。

  「C」と「L」が同じインターフェイス名を表示しています。つまり、この2行分
  で1つのインターフェイス（④はFastEthernet0）のエントリとして登録され
  ます。

MACアドレステーブルの表示

スイッチの動作については、「2日目」に学習しましたね。スイッチはMACアドレステーブルを使ってフレーム[6]を必要なポートに転送します。CatalystスイッチでMACアドレステーブルを表示するには、**show mac address-table**コマンドを実行します。MACアドレステーブルはRAM上に保存され、スイッチの電源を切ると学習したエントリは消去されます。

● show mac address-tableの出力例

```
Switch#show mac address-table Enter
              Mac Address Table
-------------------------------------------------

Vlan    Mac Address       Type        Ports
----    -----------       --------    -----
 All    0013.c314.efc0    STATIC      CPU
 All    0100.0ccc.cccc    STATIC      CPU
 All    0100.0ccc.cccd    STATIC      CPU
 All    0100.0cdd.dddd    STATIC      CPU
   1    001b.5492.76a0    DYNAMIC     Fa0/8
   1    a813.74c4.9694    DYNAMIC     Fa0/3
   1    fcaa.1444.2f7b    DYNAMIC     Fa0/1
Total Mac Addresses for this criterion: 7
```

フレームの受信時に自動的に登録

Catalystスイッチは、シスコが提供するスイッチ製品のシリーズで、一般的な企業ネットワークで使われています。

6日目

2 Cisco機器の基本操作

※6　レイヤ2で扱うデータの単位を「フレーム」と呼びます。スイッチはレイヤ2の機器です。「パケット」は、レイヤ3で扱うデータの単位の名称です（「1日目」を参照）。

6日目に学習した各コマンドを以下にまとめます。コマンドの意味と実行する
モードを関連付けて習得してください。

● Cisco IOSのコマンドのまとめ

操作	実行モード	コマンド
ユーザモードから特権モードへ移行する	>	enable
特権モードからユーザモードへ移行する	#	disable
特権モードからグローバルコンフィギュレーションモードへ移行する	#	configure terminal
ホスト名を「R1」に設定する	(config)#	hostname R1
ホスト名を消去する	(config)#	no hostname
グローバルコンフィギュレーションモードからfa0のインターフェイスコンフィギュレーションモードへ移行する	(config)#	interface fastethernet 0
インターフェイスコンフィギュレーションモードからグローバルコンフィギュレーションモードへ移行する	(config-if)#	exit
インターフェイスコンフィギュレーションモードから特権モードへ移行する	(config-if)#	end
グローバルコンフィギュレーションモードからコンソールのラインに移行する	(config)#	line console 0
コンソールパスワードを「cisco」に設定する	(config-line)#	password cisco
パスワード認証を有効にする	(config-line)#	login
グローバルコンフィギュレーションモードからVTY0〜4（計5つ）のラインに移行する	(config)#	line vty 0 4
VTYパスワードを「ccna」に設定する	(config-line)#	password ccna
イネーブルパスワードを「Cisco123」に設定する	(config)#	enable password Cisco123
MD5で暗号化されるイネーブルパスワードを「CCNA123」に設定する	(config)#	enable secret CCNA123

インターフェイスにIPアドレス「172.16.1.1/24」を設定する	(config-if)#	ip address 172.16.1.1 255.255.255.0
インターフェイスに設定したIPアドレスを消去する	(config-if)#	no ip address
インターフェイスを有効にする	(config-if)#	no shutdown
インターフェイスを管理的に無効にする	(config-if)#	shutdown
現在の設定を表示する	#	show running-config
「--More--」が表示されたとき、続きの1画面分を表示する		[Space]キー
「--More--」が表示されたとき、続きの1行を表示する		[Enter]キー
「--More--」が表示されたとき、続きの表示を中断する		[Q]または[Space]と[Enter]以外の任意のキー
現在の設定で「enable」に一致した行のみ表示する	#	show running-config | include enable
fa0インターフェイスの詳細な情報を表示する	#(>でも可能)	show interfaces fastethernet 0
現在の設定をNVRAMに保存する	#	copy running-config startup-config
NVRAMに保存した設定を表示する	#	show startup-config
ルーティングテーブルを表示する	#(>でも可能)	show ip route
MACアドレステーブルを表示する（※スイッチで実行します）	#(>でも可能)	show mac address-table

6日目

2 Cisco機器の基本操作

資格 上記のコマンドはすべて、CCNAの試験範囲に含まれています。

6日目のおさらい

問題

Q1 PCとCisco機器を直接つないで管理アクセスする際に使用する機器側のポートを選択してください。

A. VTYポート　　　　　　B. USBポート
C. コンソールポート　　　D. COMポート

Q2 ユーザモードから特権モードへ移行するためのコマンドを記述してください。

Q3 ルータのホスト名を変更することが可能なコマンドを選択してください。

A. (config)#name RT1
B. (config-if)#host RT1
C. (config)#username RT1
D. (config)#hostname RT1

Q4　次は、ルータにコンソール接続する際、パスワード「ccna」を入力させるためのコマンドです。空欄①〜③を埋めて完成させてください。

```
Router#configure terminal
Router(config)#line console( ① )
Router(config-line)#( ② ) ccna
Router(config-line)#( ③ )
Router(config-line)#end
Router#
```

Q5　1台のルータにenable password ciscoとenable secret ccnaの2つのコマンドを設定しました。このとき、特権EXECモードへ移行するために必要なパスワードを選択してください。

A.　cisco
B.　ccna
C.　ciscoとccnaのどちらか1つ
D.　ciscoとccnaの2つ

Q6　ルータの現在の設定を表示するためのコマンドを記述してください。

Q7 ルータのEthernet0インターフェイスにshutdownコマンドを実行しました。このときのインターフェイスの状態を選択してください。

A. `Ethernet0 is up, line protocol is up`

B. `Ethernet0 is down, line protocol is down`

C. `Ethernet0 is down, line protocol is up`

D. `Ethernet0 is administratively down, line protocol is down`

Q8 ルータを再起動したときに現在と同じ設定で稼働するようにしたい。そのために必要なコマンドを選択してください。

A. `#copy startup-config running-config`

B. `#copy running-config tftp:`

C. `#copy running-config startup-config`

D. `#copy startup-config flash:`

Q9 ルーティングテーブルを表示するためのコマンドを記述してください。

解 答

A1 C

Cisco 機器の設定や管理を行う目的でログインするには、一般的にコンソール接続または VTY 接続を行います。管理者が操作する PC と直接つないで管理アクセスするとき、機器側の**コンソールポート**を使用します。

➡ P.235

A2 enable

ユーザモードから特権モードへ移行するには **enable** コマンドを実行します。

➡ P.242

A3 D

ホスト名の設定は、グローバルコンフィギュレーションモードで **hostname** <ホスト名> コマンドを使用します。

➡ P.243〜244

A4 ① 0 ② password ③ login

コンソールポートは 1 つだけなので、常に「0」を指定します。
login コマンドを実行しないと、パスワードは要求されません。

➡ P.249

A5 B

enable password と enable secret は、ユーザモードから特権モードへ移行する際のパスワードを設定するためのコマンドです。2種類のイネーブルパスワードを設定した場合、セキュリティレベルの高い enable secret のみ有効になります。enable password で設定した「cisco」を入力しても、特権モードへ移行することはできません。

➡ P.254

A6 show running-config

ルータの現在の設定を表示するには、特権モードから **show running-config** コマンドを実行します。

➡ P.261

A7 D

shutdown コマンドを設定すると、インターフェイスが無効化されます。shutdown コマンドが設定されたインターフェイスは **「administratively down, line protocol is down」** という状態になります。これは、管理的にダウンしていることを示しています。no shutdown コマンドで有効化するまで、そのインターフェイスで通信することはできません。

➡ P.270

A8 C

running-config は RAM に存在するので、機器の電源を切ると消去されます。ルータは NVRAM に格納された startup-config を読み込んで起動します。ルータを再起動したときに現在と同じ設定で稼働させるには、**copy running-config startup-config** コマンドで現在の設定を NVRAM へ保存します。

➡ P.272

A9 **show ip route**

ルーティングテーブルを表示するには、ユーザモードまたは特権モードから **show ip route** コマンドを実行します。

➡ P.273

7日目

7日目に学習すること

 無線LANの基礎

今では身近になった無線LANの基礎について
学び、本格的なCCNAの学習に備えましょう。

 **無線LANの
セキュリティ**

無線LANにはどのような危険性があって
どのような対策が施されてきたのか、無線
LANセキュリティの進化を見てみましょう。

1 無線LANの基礎

☐ 無線LANについて
☐ 無線LANコントローラ

1-1 無線LANについて

POINT!

- 無線LANの基本構成は、無線クライアントとアクセスポイント
- ESSID (SSID) はアクセスポイントおよび無線ネットワークの識別名である
- CSMA/CAというアクセス制御で複数の端末が通信を行っている
- 無線LANの周波数帯には、2.4GHzと5GHzがある
- 無線LANに関する規格はIEEE802.11で標準化している
- データフレーム、管理フレーム、制御フレームの3種類がある

　無線LANとは、名前のとおり「ケーブルなしでデータの送受信を行うLANのことです。ワイヤレスLANやWLAN（ダブリューラン）とも呼ばれています。また、最近ではWi-Fi（ワイファイ）と表現されることも多いです[1]。

　これまで学習した有線LANのイーサネットでは、通信を行うノード同士をケーブルで接続しないとデータをやり取りすることはできません。オフィスの一区画や家庭の書斎など限られた範囲でコンピュータを使うのであれば大した問題はないでしょう。しかし、会議室などの共有スペースやリビングなどにノートPCやタブレット端末など持ち込んで使いたい場合、皆がそれぞれケーブルを延ばしてき

---

[1]　Wi-Fiと無線LANは、厳密には同じものではありません。無線LANは文字どおり、ケーブルを使わずにネットワークに接続するシステムのことです。Wi-Fiは、Wi-Fi Allianceという業界団体が定めた、無線LANの規格の1つです。

てLANに接続するのはとても不便ですし、ケーブルで床が雑然としてしまいます。その点、無線LANはケーブル配線の必要がないので見た目がすっきりしますし、家庭などでは廊下をまたいで配線することがないので掃除が楽になるなどの利点もあります。

　ただし、無線LANにも欠点があります。まず、ケーブルの代わりに電波を使っているため、環境によって通信状態が変わりやすく不安定になります。通信速度が遅くなったり、電波状況が悪いとネットワークに接続できないこともあります。そして、何よりも注意すべき点は、データ（電波）が空中を漂っているので、有線LANに比べると盗聴や不正アクセスの危険がはるかに高いということです。そのため、セキュリティ機能の実装が特に重要になります。

　スマートフォンやタブレット端末の普及に伴って、今やほとんどの家庭で無線LANが使用されています。通信の高速化やセキュリティ技術の進化によって、上記のような無線LANの問題は軽減され、企業でも無線LANの導入がさらに拡大していくでしょう。

　CCNA試験でも、無線LAN関連の出題率は高くなっています。そこで、最終日である「7日目」では、企業における無線LAN導入のために必要となる基礎的な部分について理解度を深め、本格的なCCNA試験のための学習に備えましょう。

■ 無線LANの利用形態とアクセス制御

　無線LANは基本的に次の要素で構成されます。

無線クライアント（無線LANアダプタを装着したコンピュータ）

　PCなどのコンピュータで無線LANを利用するには、無線LANアダプタ（無線LANカード）が必要です。この無線LANアダプタの内蔵アンテナによって、電波をやり取りできるようになります。最近ではほとんどのコンピュータに無線LANアダプタが標準搭載されています。

7
日目

1
無線LANの基礎

アクセスポイント（AP）

無線クライアント同士を接続したり、有線LANと接続したりするための機器です。

無線LANでは、アクセスポイントが親機にあたり、無線クライアントは子機として動作します。

無線LANの利用形態は、次の2つに大別できます。

● インフラストラクチャモード

無線クライアントがアクセスポイントを経由することによって通信を行う方式です。各端末はアクセスポイントを介して有線LANやインターネットに接続することができます。無線LANの一般的な利用形態です。

● インフラストラクチャモード

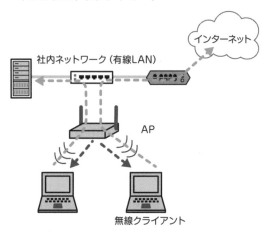

● アドホックモード

無線クライアント同士が直接通信する方式です。アクセスポイントが不要なため、お互いに電波の届く範囲に存在すれば手軽に利用できるというメリットがあります。PCからプリンタにデータを送って印刷したり、携帯ゲーム機同士をつないで対戦ゲームを楽しんだりするような用途で使用されます。

●アドホックモード

無線クライアント　　無線LAN対応プリンタ

　前述したように、無線LANは一般にインフラストラクチャモードで利用される
ので、ここからはインフラストラクチャモードのしくみについて学んでいきます。

■ アクセスポイントの識別（SSID）

　無線LANは空中に飛んでいる電波を使ってデータを送受信します。無線LANを
利用するとき、同じ空間に複数のアクセスポイントが存在すると、それぞれのア
クセスポイントからの電波を受信するので、画面に複数のアクセスポイントが表
示されることがあります。ユーザは、自分がどのアクセスポイントと接続したい
のかを選択する必要があります。
　アクセスポイントには、SSID（Service Set ID）と呼ばれる無線LANの識別子
があらかじめ設定され、ビーコンと呼ばれる信号を定期的に発信し、SSIDを通知
しています。無線クライアントは、検出したSSIDのリストから接続したいアクセ
スポイントを選んでアソシエーションを確立します。

用語

アソシエーション
無線LANクライアントとアクセスポイント間で必要な情報をや
り取りし、接続を行うためのプロセス（手続き）をアソシエーショ
ンといいます。

7
日目

1
無線LANの基礎

● BSSIDとESSID

1台のアクセスポイントに複数のSSIDを設定すると、2つ以上の無線ネットワークのグループを構成することができます。また、アクセスポイントの電波が届く範囲は限られているため、複数台のアクセスポイントに同じSSIDを設定し共有することで、無線ネットワークのエリアを拡大することができます。無線LANでは、1台のアクセスポイントとその配下にいる無線クライアントで構成されるネットワークを**BSS**（Basic Service Set）といい、複数のBSSで構成されるネットワークを**ESS**（Extended Service Set）といいます。

● BSSとESS

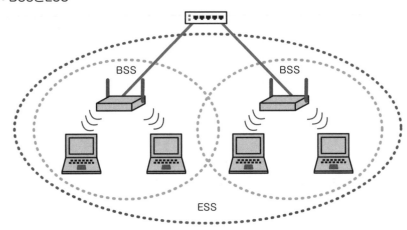

BSSの識別子を**BSSID**といいます。BSSIDは48ビットの数値で、通常はアクセスポイントのMACアドレスを利用します。ESSの識別子は**ESSID**といいます。単にSSIDと呼ばれることが多いです。ESSID（SSID）は、無線LANでネットワークを識別するための名前であり、最大32文字までの英数字を設定することができます。1台のアクセスポイントに対して複数のESSIDを設定することもできます。

それでは、ここまでの説明を次の図で確認しましょう。

● BSSIDとESSID

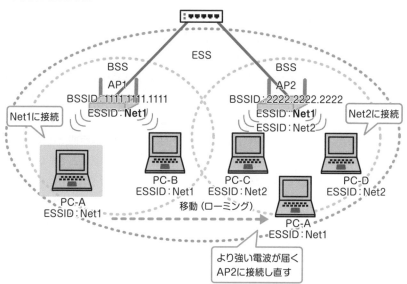

ESSは複数のBSSをさらに1つにグループ化したものです。ESSによって
ローミングを実現することができます。**ローミング**とは、クライアントが移
動した先の電波状況に応じて自動的にアクセスポイントを切り替える機能で
す。ユーザは一定の範囲内であればアクセスポイントの場所を気にせず、ア
プリケーションのサービスを維持しながら自由に移動することができます。

　ローミングを可能にするには、複数のアクセスポイントに同じESSIDが
設定されている必要があります。たとえば上図では、AP1とAP2に同じ
「Net1」という名前のESSIDを設定しています。PC-Aは最初に電波状況が
最も良好なAP1のESSID「Net1」を選択して接続しています。この状態で
通信中に場所を移動すると電波状況が変わり、同じESSID「Net1」を共有し
ているAP2への接続に切り替わります。ローミングはユーザが意識するこ
となく自動的に行われます。

7
日目

1 無線LANの基礎

■ CSMA/CA

　無線LANは、複数の無線クライアントが同時に通信しているように見えますが、ある一時点でデータを送信できるのは1台だけで、ほかの無線クライアントはデータを保留して待機しなければならない半二重の通信形態になります。

　イーサネットでは、CSMA/CDという方式で、キャリアセンスを行ってから送信を行います。もし、2台以上のホストがほとんど同じタイミングで送信を開始して電気信号が衝突すると、ジャム信号が発生するため、すべてのホストが衝突を検出できます。データの送信を停止したホストは、ランダムな時間だけ待機したあとに、再びキャリアセンスから開始してデータを再送信することで通信を実現する仕様になっています（CSMA/CDについては「2日目」に学習しています）。

　無線LANの場合、複数の無線クライアントが同時にデータ送信を開始してしまうと、電波が干渉して通信が失敗します。イーサネットのようにコリジョンドメインにあるすべての無線クライアントが衝突を検出することはできません。そこで、無線LANではCSMA/CAという方式を採用しています。

　CSMA/CA（Carrier Sense Multiple Access/Collision Avoidance）では、次のように通信制御を行っています。

キャリアセンス（Carrier Sense）

　データの送信を開始する前にほかの無線クライアントが通信を行っていないかどうか、空中の電波状態を確認します。

・電波が使用中（ビジー状態）のとき……… 待機
・電波が未使用（アイドル状態）のとき…… ランダムな時間だけ待機してから送信を
　　　　　　　　　　　　　　　　　　　　 開始

多重アクセス（Multiple Access）

　複数の無線クライアントで同じ電波を共有しているとき、ほかの無線クライアントが通信していなければデータを送信できます。

衝突回避（Collision Avoidance）

ほかの無線クライアントの通信終了を検出したとき、通信を開始する前にランダムな時間だけ待機します。この待ち時間を徐々に短くすることで、永久に送信できない事態を防ぎます。

CSMA/CAの具体的な動作手順を図で確認しましょう。

● CSMA/CA

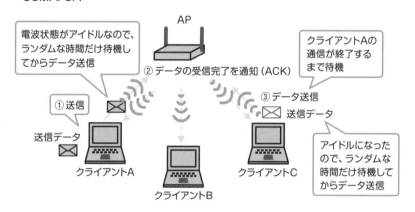

① クライアントAは、空中の電波状態からほかのクライアントが電波を発信していない（アイドル状態）ことを確認します。アイドル状態の場合、ランダムな時間だけ待機してから通信を開始します。このとき、データを送信したいクライアントCは電波状態を確認し、ビジー状態であるため待機します。

② APは、クライアントAからのデータ受信を完了すると、すべてのクライアントに完了を通知するためのACK（確認応答）を送信します。

③ クライアントCはACKを受信するとアイドル状態であることを確認し、ランダムな時間だけ待機してからデータの送信を開始します。

このようにキャリアセンスを行って電波が使われていないと判断してもすぐには送信を開始しません。ランダムな待ち時間を置くことで、複数のクライアントがほとんど同じタイミングで送信を開始するのを防ぎ、衝突を回避しています。また、AP側からACKが送信されるため、無線クライアント側はデータが正しく到着できたことを認識できます。これが無線LANの基本となる通信制御方式です。ACKによって制御するので、CSMA/CA with ACKとも呼ばれます。

7
日目

1 無線LANの基礎

CSMA/CA with RTS/CTS方式

CSMA/CA with ACK方式では、無線クライアントの距離や途中にある障害物などによって、電波の状態をうまく確認できないことがあります。このため、誰かが通信中であるにもかかわらずアイドル状態だと認識してデータの送信を開始してしまうと、電波干渉が起こりアクセスポイントは正常にデータを受け取れなくなります。そうなるとACKが返ってこないため、無線クライアントは同じデータを繰り返し送信することになり、ネットワークの処理能力が低下してしまいます。この問題を「隠れ端末問題」といいます。

隠れ端末問題を解決するアクセス制御方式がCSMA/CA with RTS/CTS方式です。

CSMA/CA with RTS/CTS方式では、次のように制御します。

● **CSMA/CA with RTS/CTS**

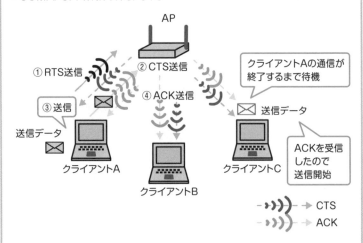

① クライアントAは、データを送信したいことをAPにRTS（Request for Send：送信要求）を送信して通知します。

② APはクライアントAに送信権を与えるために、ESS内のすべてのクライアントにCTS（Clear to Send：送信可）を送信します。

③送信権を受け取ったクライアントAは、データの送信を開始します。このとき、データの送信を希望しているクライアントCは、APからクライアントAの送信完了通知（ACK）を受け取るまで待機します。

④APはクライアントAからのデータ受信（通信）を完了すると、ESS内のすべてのクライアントにACKを送信します。クライアントCはACKを受け取ったので、データ送信を開始できます。

CSMA/CA with RTS/CTS方式では、最初にデータの送信権をアクセスポイントから受け取ることで、同時に複数のクライアントが送信を開始することを回避します。

7日目

1 無線LANの基礎

無線LANで使われる周波数

　無線LANは、無線機器（無線通信を行うすべての機器）のアンテナが電波を発生させて空中に放射することでデータを伝送します。1秒間に空中に波を打って振動する回数を「周波数」といい、Hz（ヘルツ）という単位で表現しています。電波法では、「電波とは、三百万メガヘルツ以下の周波数の電磁波をいう」と定義されています。

　電波にデータを乗せて伝送するため、高い周波数（波の数が多い）ほど多くのデータを送信することができます。

● 周波数

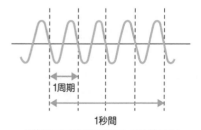

1周期

1秒間
1秒間に4回繰り返すので、周波数は4Hz　　※単位はHz（ヘルツ）

日本では総務省が無線の統括および管理をしています。電波は船舶・航空機やテレビ・ラジオ、携帯電話などさまざまな分野で利用されています。ほとんどは免許（許可）が必要であり、無免許のまま電波を放射した場合には電波法違反となります。

　無線LANは免許が不要な周波数帯を使用するので、一般に販売されている法律に準拠した機器を利用していれば、誰でも無線LANのネットワークを構築することができます。

　周波数帯とは、周波数の範囲のことです。周波数帯が広いほど一度に多くのデータを伝送できるため高速になります。

　無線LANで使われる周波数には2.4GHz帯と5GHz帯があり、環境によって使い分けることができます。

● 無線LANの周波数帯

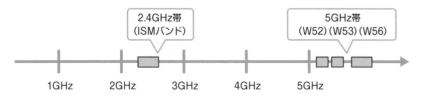

● 2.4GHz帯

　2.4GHz帯では2.4～2.5GHzの周波数帯を使用します。この範囲の周波数は、産業（Industry）、化学（Science）、医療（Medical）の頭文字をとってISMバンドと呼ばれています。無線LANのほか、ワイヤレスマウスやワイヤレスキーボード、ワイヤレスヘッドホンなどの通信機器に加え、電子レンジや医療用機器などでも使用されるので非常に混雑しています。特に電子レンジが周辺の無線機器の通信に与える影響は大きく、電子レンジの稼働中は強力な電波が発生するため、周辺にあるISMバンドを使用する通信機器はほとんど使えない状況に陥ります。

　ただし、周波数が低いと電波は障害物の影響を受けにくいため、2.4GHz帯は5GHz帯に比べて、障害物にぶつかっても電波が回り込みやすく、障害

物の裏側にまで届きやすいという特性があります。

● 5GHz帯

　5GHz帯には5.2GHz帯（W52）、5.3GHz帯（W53）、5.6GHz帯（W56）の3種類の帯域があります。5GHz帯は混雑していないので2.4GHz帯に比べると安定して使えますが、周波数が高くなると直進性が強くなり、障害物にぶつかると反射して裏側に回り込みにくくなります。パーティションによって細かく間仕切りされているようなオフィスでは、たとえ近距離であっても電波が切れることがあります。また、5GHz帯は基本的に屋内の使用に制限されています。屋外で使用する際には、レーダーなどとの干渉を避けるため、アクセスポイントにDFS（動的周波数選択）という機能を搭載することが義務付けられています。

● 2.4GHz帯と5GHz帯

2.4GHz帯

AP　　　無線クライアント

5GHz帯

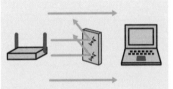

メリット
・障害物に強く、遠くまで届きやすい
・屋内外で使用できる
・対応している製品が多い

デメリット
・ほかの製品と電波の干渉がある
・通信が不安定になりやすい

メリット
・電波の干渉が起こりにくい
・通信が安定しやすい
・高速な通信規格に対応していることが多い

デメリット
・直進性が強く、障害物の影響を受けやすい
・屋内でのみ使用できる（DFS機能なしの場合）
・対応していない製品がある

主な無線LANの規格

　無線LANに関する標準化[2]は、IEEE802.11ワーキンググループによって行われています。1997年に最初の通信規格として802.11（アルファベットなし）が策定されました。その後は通信規格に加え、セキュリティ関連の規格（319ページ以降の「2-2　無線LANのセキュリティ規格」を参照）なども策定されています。規格名は、IEEE802.11の後ろにアルファベットを付けて区別されています。主な無線LANの規格は、次のとおりです。

● 主な無線LANの通信規格

規格名	新規格名	周波数帯	最大伝送速度	アクセス方式	策定年
IEEE802.11	—	2.4GHz	2Mbps	CSMA/CA	1997年
IEEE802.11b	—	2.4GHz	11Mbps	CSMA/CA	1999年
IEEE802.11a	—	5GHz	54Mbps	CSMA/CA	1999年
IEEE802.11g	—	2.4GHz	54Mbps	CSMA/CA	2003年
IEEE802.11n	Wi-Fi 4	2.4GHz/5GHz	600Mbps	CSMA/CA	2009年
IEEE802.11ac	Wi-Fi 5	5GHz	6.9Gbps	CSMA/CA	2014年
IEEE802.11ax	Wi-Fi 6	2.4GHz/5GHz	9.6Gbps	CSMA/CA	2019年

※IEEE802.11axは2021年2月に標準化作業を完了しました。

　表が示すとおり、無線LANの伝送速度は初期の2Mbpsから大変な勢いで高速化が進んでいます。現在の主流はIEEE802.11acです。使用する環境によって速度は大きく異なりますが、基本的には新しい規格ほど高速な通信を実現できます。ただし、これは規格上の最大伝送速度であって、実際にこの速度で通信できるわけではないので注意が必要です。たとえば、IEEE802.11nの実際の平均速度は約70Mbps程度といわれています（光回線の場合）。70Mbpsであれば、数十人で同時にインターネットを利用してホームページを閲覧しても問題はないでしょう。

　無線LANの通信規格の周波数帯と最大伝送速度について、しっかり覚えておきましょう。特に、初期のIEEE802.11b/aなどはCCNA試験でよく問われます。

※2　IT分野における標準化とは、相互接続性や相互運用性を確保するために、機器やソフトウェアの仕様など各種の取り決めを行うことです。

column

Wi-Fi Alliance

Wi-Fi Alliance（ワイファイアライアンス）は、無線LAN製品の普及を目的とした活動を行っている業界団体で、シスコ社も参加しています。

無線LAN製品が登場した当初は、IEEE802.11の規格を満たしている機器同士であっても、仕様の解釈の違いなどによって、異なるメーカーのアクセスポイントと無線LANアダプタ（無線クライアント）がつながるか否か不明でした。すべて同じメーカーの機器に揃えなければ安心して使えないのでは、無線LANの普及は望めません。そこで、この問題を解決するために結成されたのが、Wi-Fi Allianceです。

Wi-Fi Allianceは1999年8月に設立され（当初の団体名はWECA）、無線LAN製品の相互接続性を検証する認定テストの方式を決めて認定業務を開始しました。認定テストはWi-Fi Allianceが指定したテスト機関に依頼します。すべての試験項目に合格した製品には、「Wi-Fi CERTIFIED」ロゴの使用を認めます。ユーザはロゴを確認するだけで、安心して適切な機器選定ができるようになりました。

なお、近年は相互接続性が問題になることが少なくなったため、認定テストに合格した製品でもロゴが付いていないものがあります。

● Wi-Fi AllianceのWi-Fi認定のページ

WI-Fi認定のロゴ

Wi-Fi Allianceは無線LANの新しい規格を策定する際、「それ以前の規格の機器が接続できるのを保証すること」を条件としています。これによって、IEEE802.11a/11bのような旧式の機器であっても、世界中にあるどのアクセスポイントにも必ず接続できます。

■ チャネル

同じエリア（駅や空港、企業などの同じ敷地内）に複数のアクセスポイントがあるとき、隣りにあるアクセスポイントと同じ電波を放射すると干渉（ノイズ）が発生します。この干渉を防ぐために異なる電波を発生させるしくみを**チャネル**といいます。これはテレビのチャンネルと同じと考えてください。テレビ放送も番組を送信するために局ごとに異なる周波数を使用しています。テレビ局のチャンネルとテレビ受像機のチャンネルを同じにすることで番組の視聴ができるのです。無線LANでも同じく、アクセスポイントと無線クライアントの双方で同じチャネルを使用する必要があります。

前述したとおり、無線LANでは2.4GHz帯または5GHz帯を使って通信しますが、その周波数帯域をすべて使っているわけではなく、実際には周波数帯を複数のチャネルに分割し、その中の1つを使って通信が行われています。

次に、各周波数帯で利用可能なチャネルを示します。

● 2.4GHz帯で利用可能なチャネル

2.4GHz帯は、1〜13チャネルまで5MHzの間隔で周波数帯を割り当て、少し空けて14チャネルが割り当てられています。14チャネルは日本で割り当てられた周波数帯で、IEEE802.11bでのみ利用可能です。同じエリアに複数のアクセスポイントを設置する場合には、電波干渉を防ぐために5チャネル以上の間隔で設定しなければなりません。たとえば、1ch、6ch、11chのように3つのチャネルを組み合わせてアクセスポイントを設置します。

● 2.4GHz帯のチャネル

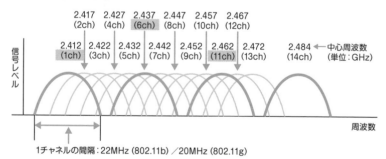

セルのオーバーラップ

アクセスポイントから送られる電波が届く範囲のことをセルといいます。無線クライアントはセル内であればどこでも問題なく通信できるわけではなく、セルの中心からの距離が長くなるほど信号が弱くなって、通信速度は低下します。

ESSは複数のセルを構成し、無線ネットワークのエリアを拡大します。このとき、無線クライアントがアプリケーションのサービスを切断することなくローミングできるよう、異なるチャネルのセル同士を10～15%の範囲でオーバーラップさせる（重ねる）ことを推奨しています（無線LANコントローラ（WLC）には、オーバーラップ範囲を自動調整する機能があります）。

セル

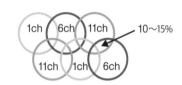

ローミングのために異なるチャネルの
セルをオーバーラップする

7
日目

1

無線LANの基礎

● 5GHz

5GHz帯のチャネルは干渉しないように帯域が確保されているため、チャネル番号が異なれば電波が干渉することはありません。

電波法改正により、次の2種類に大別されています。

● 5GHz帯のチャネル

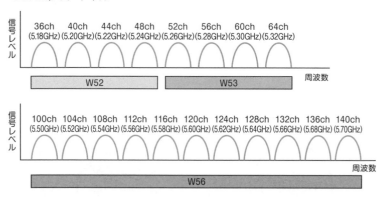

無線LANのフレーム

無線LANでもイーサネットと同じように、やりとりするデータに制御情報のヘッダとエラーチェックのためのトレーラを末尾に付けて、フレーム（レイヤ2で扱うデータの単位）として扱います。ただし、無線LANのフレームフォーマットは、イーサネットに比べると少し複雑です。

IEEE802.11では、無線LANと有線LANが混在する環境で通信ができるようにするため、MACアドレスを格納するフィールド（アドレスフィールド）が4つあり、4種類の通信の組み合わせ（通信形態）によって、どこのアドレスフィールドにどのMACアドレスを格納するのかが定義されています。

●IEEE802.11フレームフォーマット

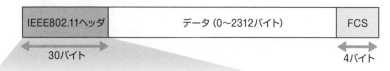

IEEE802.11ヘッダ	データ (0〜2312バイト)	FCS

30バイト　　　　　　　　　　　　　　　　　　　　　4バイト

フレーム制御	時間ID	アドレス1	アドレス2	アドレス3	シーケンス制御	アドレス4
2バイト	2バイト	6バイト	6バイト	6バイト	2バイト	6バイト

・フレーム制御 ……… フレームの種類、フレームの宛先／送信元が無線LANか有線LANか、暗号
　　　　　　　　　　　化処理の有無などの情報
　　　　　　　　　　　[フレームの種類] 00: 管理フレーム、01: 制御フレーム、10: データフレーム

・時間ID ……………… 無線クライアントがデータ送信可能になるまでの待機時間の情報

・アドレス1〜4 …… 宛先のMACアドレス、送信元のMACアドレス、アクセスポイントのMAC
　　　　　　　　　　　アドレスなどの情報

・シーケンス制御 …… フレームのシーケンス番号、またはデータを分割した場合のフラグメント
　　　　　　　　　　　番号(分割されたデータに付けられる番号)の情報

・FCS ………………… 受信側で802.11ヘッダとデータのエラー検出をするための情報

7
日目

1
無線LANの基礎

● 通信形態に合わせたアドレスフィールド

4種類の通信形態は以下のとおりです。

・無線→無線

・有線→無線

・無線→有線

・有線→無線→有線

それぞれの通信形態によるアドレスフィールドの組み合わせを見てみま
しょう。

● 無線⇒無線【例：PC-A（無線）からPC-B（無線）への通信】

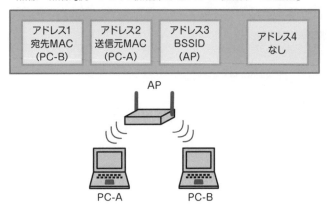

アドレス1 宛先MAC （PC-B）	アドレス2 送信元MAC （PC-A）	アドレス3 BSSID （AP）	アドレス4 なし

　送信側と受信側の両方が無線LANクライアントの通信です。この場合、アドレス4のフィールドは使用しません。

● 有線⇒無線【例：PC-B（有線）からPC-A（無線）への通信】

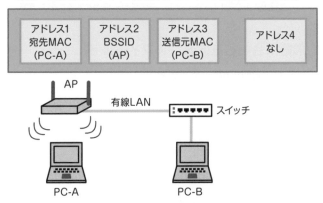

アドレス1 宛先MAC （PC-A）	アドレス2 BSSID （AP）	アドレス3 送信元MAC （PC-B）	アドレス4 なし

※ PC-Bはイーサネットフレームを送信し、APのところで
　IEEE802.11ヘッダに書き換えられてPC-Aに届く

　有線LANから無線LANクライアントへの通信です。この場合、アドレス4のフィールドは使用しません。

●無線⇒有線【例：PC-A（無線）からPC-B（有線）への通信】

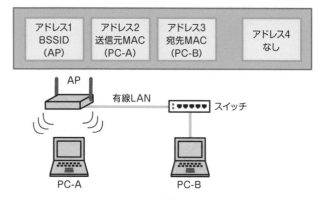

※ PC-AはIEEE802.11フレームを送信し、APのところで
　イーサネットヘッダに書き換えられてPC-Bに届く

7日目

1 無線LANの基礎

　無線LANクライアントから有線LANへの通信です。この場合、アドレス4のフィールドは使用しません。

●有線⇒無線⇒有線（AP間を経由する通信）
【例：PC-A（有線）からPC-B（有線）への通信の間に無線LANがあるとき】

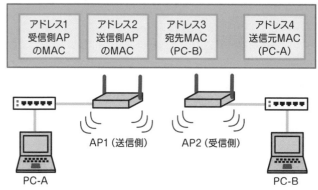

※ PC-Aはイーサネットフレームを送信し、AP1のところでIEEE802.11ヘッダに
　書き換えて転送され、AP2でイーサネットフレームになってPC-Bに届く

　有線LANの送信側と受信側の間に無線LANを経由する通信です。この場合、4つのアドレスフィールドを使用します。

● フレームの種類

　IEEE802.11では、通信の目的に応じて大きく3種類のフレームを定義しています。

> ・データフレーム …… 実際にユーザデータを搬送する
> ・管理フレーム ……… 認証とアソシエーションを完了し、データ送信
> 　　　　　　　　　　　を可能にする
> ・制御フレーム ……… 無線LANによる通信を提供・維持する

　イーサネットはデータフレームだけですが、無線LANではデータフレームのほかに管理フレームと制御フレームがあります。それぞれのフレームには次のようなサブタイプのフレームがあり、さまざまな役割を果たしています。

● 管理フレーム

フレーム	役割
ビーコン	アクセスポイントが定期的 (1/10秒間隔) に存在を通知する。BSSID、ESSID (SSID)、変調方式やチャネル番号などの情報が含まれている
プローブ要求／応答	接続に必要な情報の要求と、それに対する応答
認証	接続するアクセスポイントに対して認証を要求し、アクセスポイントが許可の応答を返す
アソシエーション要求／応答	認証完了後にアクセスポイントに対して行うアソシエーションの要求と、それに対する応答

● 制御フレーム

フレーム	役割
ACK (受信確認)	データフレームの受信後、エラーがなければ正しく受信できたことを相手に通知する。ACKを一定時間内に受信できない場合、送信者はフレームを再送する
RTS／CTS	隠れ端末問題を解決するために使用する

変調

変調とは、データ（デジタル信号）や音声を別の電気信号に加工し直す処理のことです。たとえば、IEEE802.11bはデジタル信号を電波信号に置き換える変調処理にDSSS（直接シーケンススペクトラム拡散変調）、IEEE802.11aではOFDM（直行周波数分割多重変調）という方式を使用します。

IEEE802.11の3つのフレームタイプの理解はCCNA試験で重要となります。しっかり覚えておきましょう。
・データフレーム
・管理フレーム
・制御フレーム

アソシエーションの確立では、次の手順でそれぞれのフレームがやりとりされます。データフレームの転送は、認証とアソシエーションの両方を完了しないと許可されません。

7
日目

1 無線LANの基礎

● アソシエーション確立の流れ

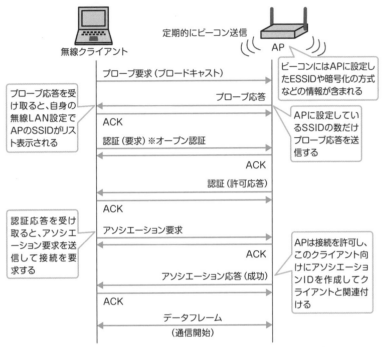

※すでにビーコンを受信している場合、プローブ要求／応答の処理は省略される

c o l u m n

オープン認証

無線LANの認証方式のひとつにオープン認証（オープンシステム認証）があります。クライアントからは認証情報（ユーザ名／パスワードなど）なしに認証を依頼し、アクセスポイントは依頼された認証をそのまま受け入れます。つまり、認証処理は行っていないため誰でもアソシエーション可能となります。セキュリティを高めるために必要な手続きは、アソシエーションを確立したあとに行っています。

1-2 無線LANコントローラ

POINT!

- ・アクセスポイントには自律型と集中管理型の2つのタイプがある
- ・自律型アクセスポイントは小規模ネットワーク向け
- ・集中管理型アクセスポイントは中・大規模ネットワーク向け
- ・無線LANコントローラは複数の集中管理型アクセスポイントを制御できる

■ 無線LANコントローラ（WLC）

小さなオフィスや家庭など狭い範囲で無線LANを構成するとき、アクセスポイントは1台だけで済みます。しかし、範囲が広くなって接続する無線クライアントの台数も増えてくると、アクセスポイントも複数台必要になってきます。

多くのアクセスポイントが必要になる中・大規模ネットワークでは、無線ネットワークのための設定や管理が複雑になります。そこで、アクセスポイントには自律型と集中管理型の2つのタイプが用意されています。

● 自律型アクセスポイント

自律型アクセスポイント（Autonomous AP）は単体で動作し、管理もそれぞれのアクセスポイントで行います。一般的に機器が安価なため導入費用を抑えることができますが、台数が増えてくると管理に負荷がかかってしまいます。そのため、数台程度のアクセスポイントで構成される小規模なネットワークに適しています。

7
日目

1
無線LANの基礎

●自律型アクセスポイント

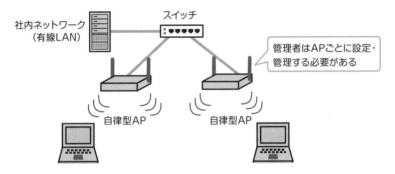

● 集中管理型アクセスポイント

　集中管理型アクセスポイント（Lightweight AP）は、管理機能を持つ無線LANコントローラ（WLC：Wireless LAN Controller）とセットで動作します。管理者は無線LANコントローラに対して設定を行い、それが自動的にアクセスポイントに反映されます。無線LANコントローラとアクセスポイント間は仮想的に用意される専用の通信路で接続され、アクセスポイントがクライアントから受信したすべてのパケットは無線LANコントローラまで届けられ各サブネットへ転送されます。

●集中管理型アクセスポイント

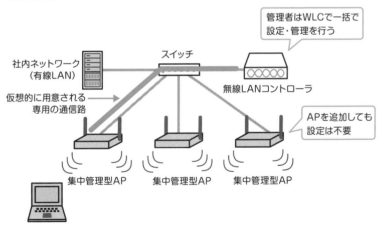

　無線LANコントローラを導入することで、多数の無線LAN機器（無線クライアントとアクセスポイント）の運用・管理における手間や負担を大幅に抑えることができます。

 アクセスポイントには、自律型と集中管理型があることを覚えておきましょう。CCNA試験では、集中管理型のアクセスポイントを用いた無線LANコントローラの設定まで問われることが多いです。

◎本書ではアクセスポイントに関してはここまでの説明に留めています。

試験にトライ！

Q ある企業では、図のような無線LANのネットワークを構成しています。あるとき、従業員から無線LANが使用できる範囲を広げてほしいと言われました。ネットワーク管理者は、この要求に応えるために自律型アクセスポイントを2台購入しました。このときの最適な設定を選択しなさい。（2つ選択）

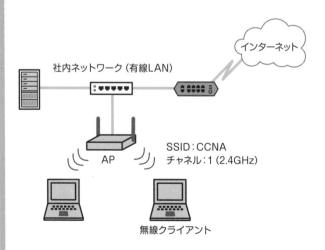

A. 新しいAPのチャネルをそれぞれ6と11に設定する

B. 新しいAPのSSIDを2台ともCCNAに設定する

C. 新しいAPのチャネルをそれぞれ3と5に設定する

D. WLCを用意し、WLCから追加のAPを設定する

　　少し難しいかもしれませんが、この問題は次の2つの点に注目すると解答できます。1つ目はチャネルの設定、2つ目はSSIDの設定です。図から、既存のAP（アクセスポイント）はチャネル番号「1」、SSIDは「CCNA」を設定していることがわかります。

　まず、チャネルから見ていきましょう。2.4GHz帯は1～13チャネルありますが、同じ空間に複数のAPがある場合には、電波干渉を防ぐために5チャネル以上の間隔で設定しなければなりません。そのため、追加する2台のAPにはそれぞれ6と11のチャネルを設定する必要があります。

　次にSSIDです。SSIDは無線LANを識別するための名前です。無線クライアントは、APから発信される電波からSSIDを読み取って、接続したいネットワークを選択できます。無線ネットワークのエリアを拡大する目的でAPを追加する場合には、一般的に同じSSID（ESSID）を設定します（SSIDが異なるとローミングできなくなります）。よって、新しく追加する2台のAPにも、SSIDとして「CCNA」を設定します。

　なお、WLC（無線LANコントローラ）は、複数の集中管理型アクセスポイント（Lightweight AP）をまとめて設定や管理することができる機器です。自律型アクセスポイント（Autonomous AP）を管理することはできません。

正解　　**A、B**

2 無線LANのセキュリティ

☐ 無線LANのセキュリティ対策
☐ 無線LANのセキュリティ規格

2-1 無線LANのセキュリティ対策

POINT!

- 無線LANは盗聴される危険性が高い
- 無線クライアントの認証と暗号化は必須
- APが行うクライアントの認証方式には、PSK認証または802.1X認証が使用される
- 無線LANの暗号化はクライアント端末とAPとの間で行われ、AESが推奨されている

　無線LANは空中を飛び交う電波を利用してデータをやり取りするため、電波が届く範囲であればどこからでもネットワークに接続できるという利便性がありますが、その一方で「電波の届く範囲であれば、どこからでも盗聴できる」というセキュリティ上の危険があります。そのため、セキュリティを確保することは、無線LANを構成するうえで最も重要な課題となります。無線LANでは、クライアントの認証とデータの暗号化は必要不可欠です。

無線LANの危険性

　無線LANを無防備に利用すると、やりとりするデータの内容を盗み見られたり、IDやパスワードを窃取されて不正に使われたりする危険性があります。まずは、無線LANにおけるセキュリティの脅威について見てみましょう。

● 不正アクセス

　イーサネットでは、ネットワークを利用するには物理的にケーブルを接続しなければなりません。それに対して無線LANでは、電波を使用するため、隣りの部屋や建物の外からでもアクセスポイントに接続してネットワークへアクセスすることが可能です。

　たとえば、アクセスポイントを探し出すことができるツールを車に載せて走り回り、セキュリティ保護をしていないアクセスポイントを見つけ出したり、電波を読み取ってSSID（ESSID）などの設定情報を取得したりすることができます。

● セキュリティの保護をしていないアクセスポイントは不正にアクセスされる危険性がある！！

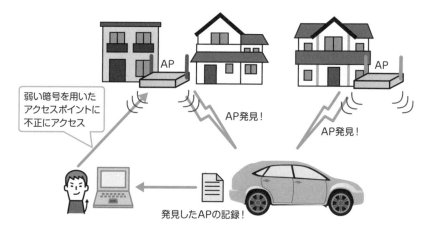

弱い暗号を用いた
アクセスポイントに
不正にアクセス

AP発見！

AP発見！

発見したAPの記録！

　また、従業員が無断で社内に家庭用のアクセスポイントを持ち込んで設置し、独自の無線LANを構築してしまう可能性もあります。この従業員がセキュリティ対策をせずにイーサネットに接続すると、社内ネットワークはセキュリティの脅威にさらされることになります。

● 盗聴

　空中を飛び交う電波の漏えいを完全に防ぐことは実際にはできません。電波が届く範囲であれば建物の外からでも盗聴でき、企業の機密情報が盗まれたり、ユーザのログイン情報（パスワード）や口座番号、個人記録など極秘の情報が盗まれたりする危険性があります。

● なりすまし

　なりすましとは、正規のユーザのふりをして不正行為をすることをいいます。ネットワークにアクセスしてデータを盗聴したり、メールアドレスを詐称して迷惑メールを大量に送信したり、さまざまな攻撃を仕掛ける危険性があります。なりすましは正規のユーザのふりをして攻撃するため、正規のユーザが知らない間に加害者として扱われる可能性もあります。

　セキュリティが確保されていない無線LANの利用には危険がいっぱい！ということは理解していただけたと思います。特に企業内で無線LANを導入する場合は、危険性を認識して万全のセキュリティ対策を行うことが重要です。
　本書の最後は、無線LANのセキュリティ対策として「認証」と「データの暗号化」について学習しましょう。

■ アクセスポイントによるクライアントの認証

　認証とは、正規のユーザであるか確かめることです。アクセスポイントは無線クライアントの認証を行い、正規ユーザであると判断した場合にだけ、社内ネットワークなどへの接続を許可します。
　無線LANでは、一般的に次のような認証方式が利用されています。

7
日目

2

無線LANのセキュリティ

● 事前共有鍵認証

　アクセスポイントと無線クライアントで事前に同じパスワードを設定して
おき、お互いに比較することで認証します。このパスワードのことをPSK
(Pre-Shared Key：事前共有鍵) と呼びます。認証サーバを用意する必要が
なく手軽に導入できるため、個人や家庭向けの小規模な無線ネットワークや
公衆無線LANで広く利用されています。ただし、アクセスポイントとすべて
のクライアント端末で共通のパスワードを利用するため管理に問題があり、
セキュリティ強度もそれほど高くありません。

● IEEE802.1X認証

　IEEE802.1Xで定義されている、有線LANと無線LANで利用可能な認証
方式です。RADIUSと呼ばれるサーバを別途用意して、クライアントごとに
認証を行うことができます。このとき、認証処理はEAPというプロトコルを
使って行います。

　IEEE802.1Xの認証は、次の3つの要素で構成されます。

● IEEE802.1X認証の構成要素と手順

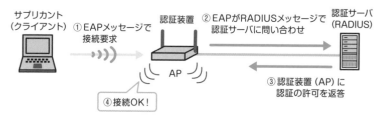

・サプリカント…… クライアントの端末 (または、端末で動作するクライアントソフト)
・認証装置………… クライアントを接続する機器 (無線LANはAP、有線LANはスイッチが
　　　　　　　　　　該当)
・認証サーバ……… 認証を行うRADIUSサーバ

　IEEE802.1X認証は共通パスワードを使用するPSKと違い、クライアン
トごとに認証を行って制御することができるため、特に企業ネットワークに
適しています。なお、IEEE802.1Xには、「ユーザID／パスワードで認証」

するものと、「証明書を利用して認証」するものの2つのタイプがあります。後者の証明書を利用した双方向認証の方が強固な認証となるので、セキュリティを重視する企業ネットワークで主に利用されています。

---

c o l u m n

Web認証

Web認証とは、Webブラウザを用いてユーザ認証を行う方式です。公衆無線LANサービスを利用するためにインターネットにアクセスしようとすると、強制的に認証サーバに転送して、ID／パスワードの入力画面を表示するしくみになっています。

ほとんどのクライアント端末には最初からブラウザソフトウェアがインストールされているので、すぐに利用できる手軽さから、不特定多数の人が利用する公衆サービス認証方式として広く利用されています。

7
日目

2

無線LANのセキュリティ

■ データの暗号化

暗号化とは、データを第三者が解読できない状態に加工することです。なお、暗号化されたデータを読み取れるよう元の状態に戻すことを復号といいます。無線LANでデータを保護するには、データの暗号化は必要不可欠です。無線LANの暗号化とは、無線クライアントとアクセスポイントとの間の区間におけるデータの暗号化を指しています。アクセスポイントより先のネットワークに対する盗聴や不正アクセスを防ぐためには、SSL/TLS[3]などのセキュリティ機能と併用すべきです。

---

[3] SSL/TLS (Secure Sockets Layer/Transport Layer Security) は、サーバとクライアントの間で送受信するデータを暗号化するしくみです。SSLが発展したものがTLSですが、まとめてSSL/TLSと呼ばれることが多いです。

● 無線LAN（無線区間）通信の暗号化

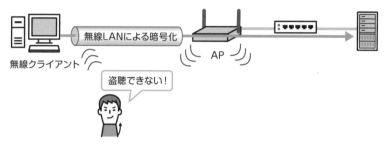

　現在、無線LANで使用される暗号化方式はCCMP、暗号化アルゴリズムにはAESの利用が推奨されています。これらについては、このあとで学習します。

2-2 無線LANのセキュリティ規格

POINT!

・無線LANセキュリティはWEP→WPA→WPA2→WPA3と進化している
・WPAはWi-Fi Allianceのセキュリティ規格
・暗号化方式はCCMP、暗号化アルゴリズムはAESの使用が推奨されている
・現在最も普及しているのはWPA2

無線LANのセキュリティ規格の進化

7日目

2

無線LANのセキュリティ

　無線LANの暗号化技術は、1999年にIEEE802.11bのセキュリティ規格として最初に策定されたWEPから比べると、驚くほど進化しています。これまで使われてきた無線LANのセキュリティ規格はWEP、WPA、WPA2、WPA3の4つです。それぞれ詳しく見ていきましょう。

● WEP

　WEPは、IEEE802.11で最初に策定された暗号化技術で、1999年にIEEE802.11bで採用されました。WEPはWired Equivalent Privacyの略で、文字どおり「有線と同じ程度のセキュリティ」を目標に開発されたものです。

　WEPキーと呼ばれる、決められた長さの鍵をアクセスポイントとクライアントの両方に設定し、同じ鍵であると確認することで認証が成功します。また、WEPキーを共通鍵として、RC4というアルゴリズムによってデータを暗号化します。

　WEPキーの長さは40ビットまたは104ビットで、104ビットの方が解読にかかる時間は長くなります。実際の暗号化では、WEPキーに24ビット

のIV（Initialization Vector：初期ベクトル）と呼ばれる乱数が付加され、それぞれ64ビット、128ビットの鍵になります。IVをパケットごとに異なる値にすることでセキュリティを高めています。

● WEPキー

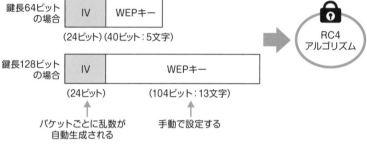

WEPは無線LANのセキュリティとして、当初はデータを十分保護できるであろうと採用されましたが、後に研究が進むと、問題点や、パケットをしばらく傍受すれば比較的短時間で暗号が解読されてしまう脆弱性が報告されました。そこで、IEEEでは新しいセキュリティ規格の策定を行い、現在ではWEPの使用は避けるように推奨されています。

● WEPによる認証と暗号化

WEPの問題点

・複数のクライアントとアクセスポイントで共通の鍵を使い続けている
・共通鍵の長さが40ビットあるいは104ビットしかない
・IV値が暗号化されずにパケットに付加され送られる
・IVが24ビットと短い

　WEPの場合、SSIDとWEPキーがわかればデータの盗聴が可能であることが明らかになりました。そのため、無線LANのセキュリティ規格であるIEEE802.11iで新しい認証と暗号化のしくみを策定し、WEPの問題点を解消しました。

● WPA

　WPA（Wi-Fi Protected Access）は、WEPに致命的な脆弱性が発見されたことによってIEEEで802.11iの策定を進めましたが、標準化に時間がかかっていたため、2002年にWi-Fi Allianceが802.11iの検討内容を参考に「WPA」として制定したものです。これによって、無線機器メーカーはいち早くWEPに代わる安全性の高いセキュリティ規格を取り入れることができました。

WPAでは暗号化方式にTKIP（ティーキップ）を使用し、暗号化アルゴリズムにはRC4を採用しています。TKIP（Temporal Key Integrity Protocol）は、既存の無線製品との互換性に配慮しながら安全性を大幅に高めることを目標に開発されました。TKIPで改良されたのは、次の点です。

・IVの長さを倍の48ビットに拡張
・暗号鍵は3つの要素（一時鍵、MACアドレス、IV）から生成
・暗号鍵はクライアントごとに異なり、通信のたびにも更新される

● WPAキー

IV
（48ビット）

MACアドレス
（48ビット）

一時鍵
（128ビット）

暗号鍵（128ビット）

3つの要素を混ぜ合わせて、
毎回異なる暗号鍵を作る

RC4
アルゴリズム

　暗号化アルゴリズムにはWEPと同じRC4を使用していますが、TKIPを使用して定期的に暗号鍵を変更することでセキュリティ強度を高めています。
　また、TKIPはデータ部分にMIC（マイク）（Message Integrity Code）というフィールドを付加し、メッセージの完全性※4を保証する機能を追加しています。

※4　完全性とは、情報が正確かつ最新で、書き換えられない状態であることです。

● WPA2

WPA2はWPAの新しいバージョンとして2004年にWi-Fi Allianceが発表した規格です。IEEE802.11iの内容をそのまま使用しているため、WPA2とIEEE802.11iは同じものになります。

WPAとの違いは、暗号化方式に**CCMP**（Counter Mode-CBC MAC Protocol）を採用しているところです。CCMPは**AES**という新しい暗号化アルゴリズムによってデータを保護することでセキュリティ強度を高めています。また、**CBC-MAC**というしくみによってメッセージの完全性を保証します。

● WPA3

2017年、WPA2の脆弱性を突いた「KRACK」と呼ばれる攻撃がありました。その対策として、2018年に新しいセキュリティ規格として**WPA3**が発表されました。

WPA3では、**SAE**（Simultaneous Authentication of Equals）という新しい鍵交換のしくみを実装しています。

現在の無線LANセキュリティ規格は、WPA2とWPA3が使用されています。一般的にはWPA2が広く普及していますが、WPA3の導入も徐々に広まっています。

7
日目

2

無線LANのセキュリティ

参考

Wi-Fi Allianceの認証方式

Wi-Fi Allianceで策定したWPA（WPA2、WPA3も含む）の認証方式には、パーソナルモードとエンタープライズモードがあります。

・パーソナル …………… PSKで認証を行う方式
　　　　　　　　　　　※WPA3の場合はSAE認証
　　　　　　　　　　　認証サーバが不要（主に家庭向け）

・エンタープライズ …… IEEE802.1XのEAPを用いて認証を行う方式
　　　　　　　　　　　認証サーバが必要（主に企業向け）

c o l u m n

暗号化アルゴリズムと暗号化方式の違い

暗号化は、データの機密性を保証するために、第三者が解読できない状態にする処理のことです。ここまで、「暗号化アルゴリズム」と「暗号化方式」という用語を使ってきましたが、何が違うのかわかりにくいですね。次のように整理しておきましょう。

・暗号化アルゴリズム

文字列を暗号化する一定の手順のことです。厳密には、元に戻す復号の手順も含まれます。なお、アルゴリズムというのは数学的な用語で「問題を解決するための段階的手順」のことを意味しています。無線LANでは暗号化アルゴリズムにRC4やAESが採用されています。

・暗号化方式

どの暗号化アルゴリズムに利用するかを取り決め、データの暗号化だけでなく、認証やデータの完全性を保証する方法までを規定します。暗号化プロトコルやセキュリティプロトコルと呼ばれることもあります。

7日目のおさらい

問　題

Q1

インフラストラクチャモードで無線クライアントが通信するとき、データをやりとりする機器を設定してください。

A. スイッチ
B. リピータハブ
C. アクセスポイント
D. 無線LANアダプタ

Q2

ローミングするために2台のアクセスポイントで共通の設定が必要なものを選択してください。

A. チャネル　　B. ESSID　　C. BSSID　　D. 電波強度

Q3

無線LANのアクセス制御方式を記述してください。

Q4

無線LANの周波数帯を選択してください。(2つ選択)

A. 2.4GHz　　B. 2.5GHz　　C. 4GHz　　D. 5GHz

Q5

IEEE802.11bの無線LANを導入する際の留意事項として適切なものを選択してください。

A. 隣接するアクセスポイントと同じチャネルを使用しない
B. アクセスポイントの通信速度を54Mbpsに設定する
C. アクセスポイントを全二重モードに設定する
D. 屋外で使用できない

Q6

無線LANのフレームタイプを選択してください。(3つ選択)

A. ユーザフレーム　　　　B. データフレーム
C. 管理フレーム　　　　　D. コリジョンフレーム
E. 制御フレーム　　　　　F. 認証フレーム

Q7

複数のアクセスポイントを集中管理するための機器を選択してください。

A. WLC　　　B. APC　　　C. L3SW　　　D. RADIUS

Q8

単体で動作し、個別に設定が必要なアクセスポイントを選択してください。

A. Lightweight AP　　　　B. Bridge AP
C. Basic AP　　　　　　　D. Autonomous AP

Q9

無線LANのセキュリティ規格として最も推奨されているものを選択してください。

A. WPA2　　　B. WPA　　　C. WEP　　　D. AES

解　答

A1　C

インフラストラクチャーモードとは、無線クライアントが**アクセスポイント**を介して通信を行う方式です。

➡ P.288

A2　B

無線クライアントが、移動した先のアクセスポイントとの接続を自動的に切り替える機能をローミングといいます。ローミングを実現するには、2台のアクセスポイントに対して同じ **ESSID**（SSID）を設定する必要があります。

➡ P.291

7
日目

A3　CSMA/CA

アクセス制御とは、コンピュータやネットワークにアクセスできるユーザーを制限する機能のことです。無線 LAN ではアクセス制御方式として **CSMA/CA** を採用しています。

➡ P.292

A4　A、D

無線 LAN で使用可能な周波数帯は、2.4GHz と 5GHz です。

2.4GHz 帯は ISM バンドとも呼ばれ、さまざまな機器で使用しており混雑しています。周辺にある機器の影響で通信が不安定になることがあります。ただし、周波数が低くて障害物に強く、電波が遠くまで届きやすいというメリットがあります。

5GHz 帯は混雑しておらず、とてもつながりやすく通信も安定しています。2.4GHz と比較して高速な通信が可能です。ただし、直進性が強く障害物の影響を受けやすいため、通信距離が長くなると電波は弱くなりがちです。

➡ P.296〜297

A5　A

IEEE802.11b は 2.4GHz の周波数帯を使用し、最大伝送速度は 11Mbps となります。

無線 LAN でデータを送信する際に必要な周波数の幅をチャネルといいます。IEEE802.11b で利用可能なチャネルは 1ch 〜 14ch の 14 チャネルあります。1 つのチャネル幅は 22MHz で、隣のチャネルとの間隔は 5MHz です。よって、隣接するアクセスポイントとの電波干渉を防ぐために 5 チャネル以上の間隔を空ける必要があり、同じチャネルは使用しません。

2.4GHz 帯は屋外での使用も可能です。無線 LAN では、規格にかかわらず半二重の通信になります。

➡ P.300

A6　B、C、E

無線 LAN のフレームタイプには、次の 3 種類があります。

・データフレーム
・管理フレーム
・制御フレーム

➡ P.306

A7　A

WLC（Wireless LAN Controller）は、複数のアクセスポイントを集中管理するための機器です。WLC を使用すると、管理者は各アクセスポイントを個別に設定する必要がなくなります。

➡ P.309

A8　D

単体で動作するアクセスポイントを **Autonomous AP**（自律型アクセスポイント）といいます。一方、WLC とセットで動作し、集中管理できるアクセスポイントを Lightweight AP（集中管理型アクセスポイント）といいます。

➡ P.309

A9　A

無線 LAN のセキュリティ規格は、WEP、WPA、WPA2、WPA3 の4 種類あります。現在は、WEP と WPA よりもセキュリティ強度が高い **WPA2** が推奨されています。なお、AES は WPA2 で採用している暗号化アルゴリズムです。WPA3 は今後普及が見込まれます。

➡ P.323

Index

数字

2.4GHz 帯	296
2 進数	34
5GHz 帯	297
10 ギガビットイーサネット	245
10 進数	33
16 進数	36

A、B、C、D

ACK	146, 147
AES	318, 323
AP	288
ARP	159
ARP テーブル	160
ARP リクエスト	159
ARP リプライ	159
AS	25, 26
Auto MDI/MDI-X 機能	61
Autonomous AP	309
bps	59
BSS	290
BSSID	290
CBC-MAC	323
CCMP	318, 323
Cisco IOS	241
Cisco Packet Tracer	240
COM ポート	235
configure terminal コマンド	243
copy running-config startup-config コマンド	272
CSMA/CA	292
CSMA/CA with RTS/CTS 方式	294
CSMA/CD	68, 292
DB-9	235
DFS	297
DHCP	164, 167
DHCP サーバ	30, 167
DHCP リレーエージェント	170
DNS	164, 173
DNS キャッシュサーバ	175
DNS サーバ	30
DUAL	130
D 型 9 ピン	235

E、F、G、H

EAP	316
EIGRP	130
enable password ＜パスワード＞コマンド	252
enable secret コマンド	254
end コマンド	245
ESS	290
ESSID	290
Ethernet	63, 245
exit コマンド	244
FastEthernet	65, 245
FCS	71
FIN	147
FQDN	172
FTP	165
FTP サーバ	30
GigabitEthernet	65, 245
hostname ＜ホスト名＞	243
HTTP	141, 165, 176
HTTPS	165
HTTP リクエスト	177
HTTP レスポンス	178
Hz	295

I、J、K、L

IANA	142
ICANN	203
ICMP	93
ICMPv6	210
ICMPv6 メッセージ	210
ICMP メッセージ	93
IEEE802.1X 認証	316
IEEE802.3	64
IEEE802.11	298
IEEE802.11 フレームフォーマット	303
IETF	130
IP	90
ipconfig /all コマンド	224
ipconfig コマンド	221
IPv4	90
IPv6	90
IPv6 アドレス	200
IPv6 マルチキャストアドレス	208
IPv6 ユニキャストアドレス	204
IP アドレス	96
IP ヘッダ	90
ISM バンド	296
ISP	25
JPNIC	203
L3 スイッチ	117

LAN ･･････････････････････････ 23
LAN カード ････････････････････ 43
LAN ケーブル ･･････････････････ 57
Lightweight AP ････････････････ 310
line console 0 コマンド ･･･････････ 249
Linux ･････････････････････････ 167
LIR ･･･････････････････････････ 203
login コマンド ･････････････････ 249

M、N、O、P

MAC アドレス ･････････････ 43, 66
MAC アドレステーブル ･･････････ 75
MDI ･･････････････････････････ 60
MDI-X ････････････････････････ 60
MIC ･･･････････････････････････ 322
MMF ･･････････････････････････ 62
MSS ･･････････････････ 146, 148
MTU ･･････････････････ 146, 148
NAPT ･････････････････････････ 195
NAT ･･･････････････････ 192, 193
NAT テーブル ･･････････････････ 196
NIC ･･･････････････････････････ 64
NIR ･･･････････････････････････ 203
node ･･････････････････････････ 20
no login ･･･････････････････････ 249
no shutdown コマンド ･･･････････ 257
NTP ･･････････････････････････ 165
NVRAM ･･･････････････････････ 271
OSI 参照モデル ････････････････ 42
OSPF ･････････････････････････ 129
OUI ･････････････････････ 66, 67
P2P ･･･････････････････････････ 30
password ＜パスワード＞ コマンド ･･･････ 249
PAT ･･････････････････････････ 197
PDU ･･････････････････････････ 49
ping ･･････････････････････････ 225
POP3 ････････････････････ 141, 165
PSK ･･････････････････････････ 316

Q、R、S、T

QoS ･･････････････････････････ 148
RADIUS ･･･････････････････････ 316
RAM ･･････････････････････････ 271
RC4 ･･････････････････････････ 319
RIP ･･･････････････････････････ 128
RJ-45 ･････････････････････ 58, 235
RTT ･･････････････････････････ 225
running-config ･･･････････ 261, 271
SAE ･･････････････････････････ 323
show interfaces コマンド ･･･････････ 269

show ip route コマンド ･･････････ 273
show mac address-table コマンド ･･･････ 275
show running-config コマンド ･････ 261
show コマンド ･･･････････････････ 261
shutdown コマンド ･････････････ 257
SLAAC ･･･････････････････････ 212
SMF ･･････････････････････････ 61
SMTP ･････････････････････ 141, 165
SNMP ････････････････････････ 165
SNS ･･････････････････････････ 19
SPF ･･････････････････････････ 129
SSH ･･････････････････････ 165, 182
SSID ･････････････････････････ 289
SSL/TLS ･･･････････････････････ 317
startup-config ････････････････ 271
STP ･･････････････････････････ 57
SYN ･･････････････････････ 146, 147
TCP ･･････････････････････ 144, 145
TCP/IP モデル ･････････････････ 46
TCP セグメント ････････････････ 145
TCP ヘッダ ･･･････････････････ 145
Telnet ･･････････････ 141, 165, 181
TenGigabitEthernet ･･････････ 65, 245
Tera Term ････････････････････ 236
TFTP ･････････････････････････ 165
TKIP ･････････････････････････ 322
TTL ･･････････････････････････ 91

U、V、W

UDP ･･････････････････････ 144, 152
UDP データグラム ･･････････････ 152
UDP ヘッダ ･･･････････････････ 152
URL ･･････････････････････････ 179
UTP ･･････････････････････････ 58
VTY ･･････････････････････････ 238
VTY 接続 ･･･････････････････ 235, 238
VTY パスワード ･･･････････････ 251
WAN ･････････････････････････ 23
Web サーバ ･･･････････････････ 30
Web 認証 ･･････････････････････ 317
WEP ･････････････････････････ 319
WEP キー ･･･････････････････････ 320
Wi-Fi ･････････････････････････ 286
Wi-Fi Alliance ････････････････ 299
WLAN ････････････････････････ 286
WLC ･････････････････････････ 309
WPA ･････････････････････････ 321
WPA2 ････････････････････････ 323
WPA3 ････････････････････････ 323
WPA キー ･･･････････････････････ 322

索引

ア行

アクセスポイント………………………… 288
アソシエーション………………………… 289
アップデート……………………………… 128
宛先 MAC アドレス ………………………71
宛先到達不能………………………………94
アドホックモード………………………… 288
アドレスクラス……………………………98
アナログ……………………………………31
アプリケーションサーバ…………………30
アプリケーション層…………………… 42, 45
アルゴリズム……………………………… 129
暗号化……………………………………… 317
暗号化アルゴリズム……………………… 324
暗号化方式………………………………… 324
イーサネット…………………………… 63, 245
イーサネットインターフェイス……………113, 245
イーサネットフレーム……………………70
イネーブルパスワード…………………… 252
インターネット……………………………25
インターフェイス………………………… 113
インターフェイス ID ……………………… 205
インターフェイスコンフィギュレーションモード
………………………………………… 242
インフラストラクチャモード…………… 288
ウィンドウサイズ………………………… 151
ウィンドウ制御…………………………… 151
ウェルノウンポート……………………141, 142
エコー応答…………………………………94
エコー要求…………………………………94
エニーキャストアドレス………………… 204
エンドツーエンドの通信…………………89
オーバーラップ…………………………… 301
オープン認証……………………………… 308
オクテット……………………………… 36, 97

カ行

確認応答…………………………………… 150
確認応答番号……………………………… 146
仮想端末回線……………………………… 238
カテゴリ……………………………………58
カプセル化…………………………………47
完全修飾ドメイン名……………………… 172
完全性……………………………………… 322
管理アクセス……………………………… 234
管理フレーム……………………………… 306
ギガビットイーサネット……………… 65, 245
キャリアセンス………………………… 69, 292
近隣探索プロトコル……………………… 212
クライアント………………………………29

位取り記数法………………………………33
クラス A アドレス …………………………98
クラス B アドレス …………………………99
クラス C アドレス …………………………99
クラス D アドレス ……………………… 100
クラスフルアドレス……………………… 105
クラスレスアドレス……………………… 105
クラッド……………………………………61
グローバル IP アドレス ………………… 191
グローバルコンフィギュレーションモード
…………………………………………242, 243
グローバルユニキャストアドレス……… 206
クロスケーブル……………………………60
コア…………………………………………61
コスト……………………………………… 129
コネクション型…………………………… 144
コネクションレス型……………………… 144
コネクタ……………………………………58
コマンドプロンプト……………………182, 221
コリジョン……………………………… 69, 79
コリジョンドメイン………………………79
コンソールケーブル……………………… 235
コンソール接続…………………………… 235
コンソールパスワード…………………… 249
コンソールポート………………………235, 249
コンバージェンス………………………… 129

サ行

サーバ………………………………………29
再帰問い合わせ…………………………… 175
再送制御…………………………………… 151
サブネッティング………………………… 106
サブネット化……………………………… 106
サブネット部……………………………… 107
サブネットプレフィックス……………… 205
サブネットマスク………………………… 109
シーケンス番号…………………………146, 147
時間超過……………………………………94
事前共有鍵認証…………………………… 316
ジャム信号…………………………………69
集線装置………………………………… 27, 72
集中管理型アクセスポイント…………… 310
周波数………………………………… 58, 295
周波数帯…………………………………… 296
順序制御…………………………………… 151
衝突回避…………………………………… 293
シリアルインターフェイス……………… 113
自律型アクセスポイント………………… 309
自律システム………………………………26
シングルモードファイバ……………………61

スイッチ……………………… 63, 72, 79, 80, 119
スイッチングハブ……………………………72
スター型トポロジ…………………………27
スタティックルーティング………………… 123
スタティックルート………………………… 121
スタンドアロン………………………………22
ステートフル……………………………… 212
ステートレス……………………………… 212
ステートレスアドレス自動設定…………… 212
ストアアンドフォワード……………………73
ストレートケーブル…………………………60
スリーウェイハンドシェイク……………… 148
スロット番号……………………………… 260
制御フレーム……………………………… 306
セグメント……………………………………49
セッション………………………………… 196
セッション層……………………………… 42, 45
セットアップモード……………………… 237
セル………………………………………… 301
全二重通信…………………………………74
送信元 MAC アドレス ………………………71

タ行

ターミナルソフト………………………… 236
帯域幅……………………………………… 124
ダイナミックポート……………………… 142
ダイナミックルーティング………………… 123
ダイナミックルート……………………… 123
ダイレクトブロードキャストアドレス……… 104
多重アクセス……………………………… 69, 292
チャネル…………………………………… 300
直接接続ルート…………………………… 120
ツイストペアケーブル………………………57
通信事業者……………………………… 23, 24
ディスタンスベクター…………………… 127
データフレーム…………………………… 306
データリンク層…………………………… 42, 43
デジタル………………………………………31
デフォルトゲートウェイ…………………… 118
デフォルトルート………………………… 125
テンギガビットイーサネット………………65
電気通信事業者……………………………24
電子メール……………………………………20
伝送路設備…………………………………24
同軸ケーブル…………………………………65
盗聴……………………………………… 315
特権 EXEC モード ………………………242, 243
トポロジ………………………………………26
ドメイン名………………………………… 171
トランスポート層………………………… 42, 44

トレーラ……………………………………47

ナ行

ナチュラルマスク………………………… 109
名前解決………………………………… 173
なりすまし……………………………… 315
認証……………………………………… 315
認証装置………………………………… 316
ネクストホップ………………………… 113
ネットワークアドレス…………………… 101
ネットワークインターフェイス………………63
ネットワークインターフェイス層……………56
ネットワーク層…………………………… 42, 44
ネットワーク部………………………………97
ノード…………………………………… 20, 68

ハ行

パーシャルメッシュ型トポロジ………………28
ハードウェアアドレス………………………66
バイト…………………………………………36
パケット………………………………………49
バス……………………………………………26
バス型トポロジ………………………………26
バックオフ……………………………………70
バッファ………………………………………73
バッファリング………………………………73
ハブ…………………………………… 78, 79
ハブアンドスポーク…………………………27
パブリックアドレス……………………… 191
半二重通信…………………………………74
反復問い合わせ………………………… 175
ピアツーピア…………………………………30
ビーコン………………………………… 306
非カプセル化…………………………………48
光ファイバケーブル…………………………61
ビット…………………………………………36
ファストイーサネット…………………… 65, 245
フォワーディング……………………………76
輻輳……………………………………… 148
不正アクセス…………………………… 314
物理アドレス…………………………… 43, 66
物理層…………………………………… 42, 43
フラグ…………………………………… 147
フラッディング………………………………76
フルメッシュ型トポロジ……………………28
フレーム………………………………………49
フレーム転送…………………………………75
プレゼンテーション層…………………… 42, 45
プレフィックス………………………… 110
プレフィックス表記……………………… 110

索引

333

フロー制御……………………………… 151
ブロードキャスト MAC アドレス ………………67
ブロードキャストアドレス………… 101, 104, 131
ブロードキャストドメイン………………106, 131
ブロードバンドルータ……………………… 168
プロトコル………………………………… 39
プロトコルスタック……………………… 40
プロトコルデータユニット……………… 49
プロンプト………………………………… 238
分散処理…………………………………… 22
ベストエフォート………………………… 93
ヘッダ……………………………………… 47
ヘルツ……………………………………… 295
ベンダコード……………………………… 67
変調………………………………………… 307
ポート……………………………………… 113
ポート番号………………………………… 140
補助記憶装置……………………………… 19
ホスト……………………………………… 68
ホストアドレス…………………………… 102
ホスト部…………………………………… 97
ホスト名…………………………………… 172
ホップ数…………………………………… 128

マ行

マルチキャスト………………………… 98, 100
マルチキャスト MAC アドレス ………………67
マルチキャストグループ………………… 100
マルチモードファイバ…………………… 62
無線 LAN ………………………………… 286
無線 LAN アダプタ ……………………… 287
無線 LAN コントローラ ………………… 309
無線クライアント………………………… 287
メールサーバ……………………………… 30
メソッド…………………………………… 177
メッシュ型トポロジ……………………… 27
メトリック………………………………… 127

ヤ行

ユーザ EXEC モード …………………… 242
有線 LAN ………………………………… 63
ユニークローカルユニキャストアドレス……… 208
ユニキャスト MAC アドレス ………………67
要請ノードマルチキャストアドレス…………… 215
より対線……………………………………57

ラ行

ライン……………………………………… 249
ラインコンフィギュレーションモード……… 242
ラウンドトリップタイム………………… 225
ラストリゾートゲートウェイ…………… 125
ラベル……………………………………… 171
リゾルバ…………………………………… 174
リピータハブ………………………………78
リミテッドブロードキャストアドレス………… 103
リンク……………………………………… 20
リンクステート…………………………… 127
リンク層……………………………………56
リンクローカルアドレス………………… 207
リンクローカルユニキャストアドレス……… 207
ルータ……………………………… 88, 112, 119
ルータコンフィギュレーションモード……… 242
ルーティング………………………… 44, 89, 113
ルーティングテーブル…………………113, 120
ルーティングプロトコル………………… 126
ループバックアドレス…………………… 104
レイヤ……………………………………… 40, 42
レイヤ 1 ……………………………………43
レイヤ 2 ……………………………………43
レイヤ 2 スイッチ …………………………72
レイヤ 3 ……………………………………44
レイヤ 3 スイッチ ……………………… 117
レイヤ 4 ……………………………………44
レイヤ 5 ……………………………………45
レイヤ 6 ……………………………………45
レイヤ 7 ……………………………………45
レジスタードポート……………………… 142
ローミング………………………………… 291
ロールオーバーケーブル………………… 235
論理アドレス………………………………44
論理ポート………………………………… 238

ワ行

ワイヤレス LAN ………………………… 286

STAFF

編集	水橋明美（株式会社ソキウス・ジャパン）
制作	森川直子
表紙デザイン	阿部修（G-Co.Inc.）
表紙イラスト	神林美生
本文イラスト	神林美生　高橋結花
表紙制作	鈴木薫
デスク	千葉加奈子
編集長	玉巻秀雄

1週間でCCNAの基礎が学べる本 第3版

2021年4月11日　　　初版発行
2024年6月21日　　　第1版第7刷発行

著　者　宮田かおり

編　者　株式会社ソキウス・ジャパン

発行人　小川 亨

編集人　高橋隆志

発行所　株式会社インプレス
　　　　〒101-0051　東京都千代田区神田神保町一丁目105番地
　　　　ホームページ　https://book.impress.co.jp/

印刷所　日経印刷株式会社

ISBN978-4-295-01073-9 C3055

Printed in Japan